CLIMATE CHANGE
IN
THE CHINESE MIND

气候中国

全球气候治理与中国公众认知研究

王彬彬 等/著

社会科学文献出版社

SOCIAL SCIENCES ACADEMIC PRESS (CHINA)

本书是国家社科基金重点项目资助课题"生态文明建设和绿色发展理念背景下我国气候传播的战略定位与行动策略"成果之一，项目编号：19AXW006。

目　录

前　言

　　2020 年春天，新冠肺炎疫情席卷全球，提醒我们要深刻反思人与自然的关系。联合国秘书长古特雷斯在 2020 年 4 月 22 日世界地球日当天发表视频演讲，提出相比疫情，气候变化是更深层次的环境危机，倡议全球携手实现更高质量复苏。应对气候变化，关乎全人类的共同命运，需要全人类一起行动。要实现《巴黎协定》的目标，不仅需要政策制定者和各行业的努力，每一个个体的行为方式也要朝着绿色低碳的方向转型。

　　通过过去十多年的努力，中国已经成长为全球气候治理的参与者、贡献者和引领者。这里有政府的引领，更离不开公众的支持和参与。出版这本书的初衷，是让更多同行和朋友了解中国公众对于气候变化信息、政策和全球气候治理的认知水平，听到公众的声音，看到公众的态度，进而设计更有针对性的行动动员方案。这些声音与态度，在国家和国际两个层面都有深刻的意义。

　　2012 年，我参与组织第一次全国范围的公众认知调研，结合中国各省市的人口数量、性别比例、受教育程度等选取了 4169 个样本进行电话调研。调研涉及公众对气候变化问题、影响、应对的认知度，对气候变化政策的支持度，应对气候变化措施的执行度，以及对气候传播效果的评价六个维度。结果显示，93.4% 的受访者表示了解气候变化，

93%的受访者认为气候变化正在发生。这组数据被写入当年国家发改委发布的应对气候变化年度白皮书。2012年是国家"十二五"规划的第二年，应对气候变化也被作为一项重要内容纳入"十二五"规划中，但各方面在推进时还是会遇到不少困难，这次调研有助于各方及时掌握公众应对气候变化意识现状，制定更有针对性的政策措施。在2012年底的联合国多哈气候大会上，调研数据又被时任中国气候变化事务特别代表解振华引用以介绍中国进展，继而又被联合国气候变化框架条约秘书处执行秘书长克里斯安娜·菲格里斯引用，鼓励中国在全球气候治理中发挥更重要的作用。

2017年，时隔五年，我主持了第二次全国范围的公众认知调研，同样的抽样方法、样本量和六个维度。2017年也是国家"十三五"规划的第二年，国家已经将应对气候变化放入全球生态文明建设和人类命运共同体的整体框架中。这一次，受访者对气候变化的认知更加准确，更多人意识到人为因素是气候变化的主因，并且意识到自己正在经历气候变化的影响。同时我们也注意到，公众对国家出台的各类气候政策持高度支持的态度，高度支持政府努力开展应对气候变化国际合作，支持政府落实《巴黎协定》承诺。在我国气候变化事务特别代表解振华看来，"这是对我国应对气候变化工作的最大鼓励和肯定"。我们分别在北京及联合国波恩气候大会现场分享了这些新发现，来自中国公众的支持为国家制定气候政策和国际社会推进全球气候治理进程注入了信心。此外，我们也观察到一些新趋势，比如公众对气候变化与空气污染、气候变化与公共健康话题的关心，对共享单车、户用太阳能等新技术的支持等。在全球推进落实《巴黎协定》的今天，这些新趋势正逐渐成为关注的焦点。

"以人民为本"是不断把历史向前推进的强大动力，在制定各项政策过程中政策制定者都需要借助不同的方法听取民意，公众认知调研就是集中收集民意的科学方法。这个方法在气候治理领域的作用已经体现出来，未来，也有很大潜力应用到包括气候变化南南合作、"一带一路"绿色发展等相关议题中，帮助政策制定者了解当地民众的心声，更好地制定推进策略。在能源基金会的资助下，我们将两次调研的数据和分析正式出版，方便更多的研究者和机构引用，也希望我们的策略方法能够引发更多讨论，推动更多实践层面的探索。

在正式介绍我们的数据之前，考虑到不同读者对议题的了解程度不同，第一章先介绍了气候变化、全球气候治理与中国的相关知识，我认为无论开展气候传播研究还是实践，都要有一个基本的定位，即气候传播是气候治理的策略工具。这一章可以帮助对这个议题感兴趣但理解还不太深入的读者迅速了解开展气候传播工作的背景知识，这些知识的背后是看待问题的视角和理解问题的格局，如果你理解起来还是有困难，不用着急，气候治理不是一分钟就可以解决的，对它的理解当然也需要假以时日。第二章介绍了气候传播与公众认知研究的进展，这是在第一章宏观背景基础上的再聚焦，聚焦到本书重点讨论的问题上。第三章是本书的"主菜"，包括了两次全国调研的核心数据。一直到今天，我们选取的样本量仍是同类调研中最具代表性的，科学的方法使我们的数据更有价值，也让我们更有分享的信心。第四章对2017年的数据进行了细分研究，将看似繁杂无序的数据进行"庖丁解牛"式的分类梳理，可以从中探求下一步深入研究的方向。第五章，也是本书的最后一章，收集整理了国际同行做的关于中国的调研，以此看出同与不同。我参与的两次调研都得到了耶鲁大学气候传播项目的大力支持，我们从2011年一路走来，已经成了默契的战略合作伙伴，2017年美国联邦政府宣布将退出《巴黎协定》，我们随即在各自的调研中插入几个同样的问题来评测两国公众的反应。在本书第五章，大家可以看到这些已经被联合国气候变化框架公约秘书处保存的对比数据以及我们与伙伴携手推动气候治理的策略。

2018年4月，社会科学文献出版社出版了我的著作《中国路径——双层博弈视角下的气候传播与治理》，这本书在同年底获选国家社科基金中华学术外译项目，有幸被 Nature 所属的 Springer 出版集团选中出版英文版，让我有机会向国际读者讲述中国的气候故事。《中国路径》用双层多维的定性分析方法总结了多元参与的中国气候治理之路，《气候中国》则是用数据说话，展现了我国民众对应对气候变化事业的支持。如果说《巴黎协定》开启了自上而下与自下而上双向汇流的新时代，那么《中国路径》和《气候中国》正是以"姊妹篇"的形式提供了"全景式"的中国实践。

本书由中国气候传播项目中心主任郑保卫教授担任顾问，我与周沁楠合作完成了第一章、第二章和第五章，两位专业做数据分析的青年学者顾秋宇和江沁芸完成了第四章的细分数据分析。吕美、沁楠和我一起完成了全书审校工作，由我负全部文责。感谢一路上给我们提供指导、支持和帮助的领导、同行和伙伴。感谢乐施会和能源基金会对两次调研的资金及智力支持。本书也是我承担的中国博士后科学基金特别资助项目"全球气候治理背景下的公众认知与低碳行为选择"（项目号：2018T110001）的结项成果。

从 2009 年第一次参与联合国气候变化谈判一路走到今天，我有幸见证了全球气候治理进程的起起伏伏。虽然新冠肺炎疫情又给这一征程带来新的不确定性，从既往的经验中可以汲取到应对的勇气和智慧。最近一段时间，越来越多的国际组织和研究机构开始关注气候变化与其他可持续发展目标之间的协同效应，越来越多的普通公众行动起来从垃圾分类这样的日常小事做起，越来越多的企业拿出了自己的绿色转型和可持续发展战略。不论职务与角色，公众就是你我他，是每一个个体。当我们看到每一个人都置身其中开始行动的时候，希望就在前方升起，那里是一份真正成气候的事业，是一个真正成气候的中国。

全球气候治理的火炬不会熄灭，因为它始终掌握在人民手里。

王彬彬

2020 年 6 月 8 日

第一章 气候变化、全球
气候治理与中国

第一节 气候变化研究进展

气候变化研究以时间为界分为古气候学研究和现代气候变化研究。古气候学与古地质学、古生物学、地球化学、大气物理等密切相关，主要研究地质时期气候的形成。现代气候变化研究始于19世纪末，指有较系统的气象仪器观测资料以来的气候变化研究，这一时期的气候变化区别于古气候的主要特征是人为因素的影响。

20世纪80年代以来，现代气候变化研究超越了自然科学层面，与政治、社会、经济、可持续发展、国际关系等社会科学相结合，进而提升到全球层面的气候治理。

现代关于"气候变化"有两个主要的定义。政府间气候变化专门委员会（IPCC）将气候变化定义为"气候状态随时间发生的任何变化"。[①] 除了气候变化的自然变率，还强调人类活动的影响。

《联合国气候变化框架公约》（UNFCCC）强调自然变率之外，由

---

① 孟浩：《我国应对气候变化的低碳发展战略》，中国生产力学会第15届年会暨世界生产力科学院院士研讨会，2009年11月19日。

直接或间接的人类活动带来的气候变化，认为发达国家在工业化过程中消耗大量化石燃料、排放过多二氧化碳等温室气体导致全球变暖。

气候和气象是两个区别明显的概念。不同于几天内，甚至几分钟内雨雪风晴的气象现象，气候变化是指气候的平均状态在一段时间内的波动变化。

科学发现气候变化的历史始于 19 世纪初，当时的科学家们首次提出了冰川时代和古气候阶段气候自然变化的可能性，并首次发现了温室效应。

1988 年，世界气象组织（WMO）和联合国环境规划署（UNEP）共同建立了联合国政府间气候变化专门委员会（IPCC），开始对有关气候变化的科学技术、社会经济认知状况、气候变化原因、潜在影响和应对策略开展综合评估。

回顾两个世纪的气候变化科学进展，有几个重要的时间节点值得我们关注。

一　19 世纪气候变化及其原因理论初探

18 世纪前，科学家们并未怀疑史前气候与现代气候可能不同。直到 18 世纪末，地质学家才发现了随着气候变化而产生的一系列地质时期的证据。1815 年，让 - 皮埃尔·佩鲁丁（Jean-Pierre Perraudin）注意到了他家附近的冰川是如何切割出阿尔卑斯山脉的雄壮景观的。佩鲁丁在瑞士 Val de Bagnes 山谷地区徒步旅行时，发现狭窄的山谷周围散落着巨大的花岗岩，也看到了冰川在陆地上留下的条纹。他知道移动如此巨大的岩石需要特殊的力量，因而得出结论——是冰块将巨石带入山谷，从而首次提出了冰川对高山峡谷中巨岩的影响。[1] 基于此，著名瑞士裔美国植物学家和地质学家路易斯·阿格西（Louis Agassiz）开创了

---

[1]　Holli Riebeek（28 June 2005）. "Paleoclimatology". NASA. Retrieved 29 September, 2018.

冰川学，并将冰川覆盖了欧洲和北美的大部分地区的史前气候时期称为"冰河时代"。[1]

1824年，法国数学家约瑟夫·傅里叶（Joseph Fourier）提出了"温室效应"的概念和原理，他认识到大气层能有效地将可见光波传递到地面，从而使地球比在真空的情况下更温暖。[2] 1859年，爱尔兰物理学家约翰·丁达尔（John Tyndall）通过实验发现，水蒸气、甲烷（CH_4）等碳氢化合物和二氧化碳（CO_2）会强烈阻挡辐射，进而改变整个大气层的热辐射平衡。[3]

1896年，瑞典科学家斯凡特·阿伦尼乌斯（Svante Arrhenius）在一篇论文中首次量化预测了大气中的二氧化碳增减对地球表面温度的影响。他计算出二氧化碳减少一半就足以重回冰河时代，而大气中二氧化碳的加倍会使全球总体变暖达到5℃~6℃。1899年，美国地质学家张伯林（Thomas Chrowder Chamberlin）进一步详细阐述了大气中二氧化碳浓度变化可能是引起气候变化的原因。[4]

二　20世纪50~70年代：气候变化科学研究深入、担忧加剧

20世纪中期光谱学的发展表明，二氧化碳和水蒸气吸收情况并非完全重叠。气候学家们也意识到高层大气中存在的水蒸气很少，这说明二氧化碳的温室气体效应是独立于水蒸气显著存在的。[5] 20世纪50年代开始，美国加州大学斯克里普斯海洋研究所对碳-14同位素

---

[1] Evans, E. P. "The authorship of the glacial theory". The North American Review 145. 368 (1887): 94-97.
[2] William Connolley. "Translation by W M Connolley of: Fourier 1827: MEMOIRE sur les temperatures du globe terrestre et des espaces planetaires". 29 September, 2018
[3] Sherwood (2011). "Science controversies past and present". *Physics Today*. 2011: 39-44.
[4] "Restoring the Quality of Our Environment" (PDF). The White House. 1965.
[5] Spencer Weart (2003). "The Carbon Dioxide Greenhouse Effect". *The Discovery of Global Warming*.

（C14）的分析表明①，化石燃料释放的二氧化碳并未立即被海洋吸收，海洋的碳汇能力是有限的。到 20 世纪 50 年代后期，更多的科学家认为二氧化碳排放可能是一个问题。1960 年，查尔斯·大卫·基林（Charles David Keeling）在论文《大气中二氧化碳浓度和同位素丰度》中绘制了"基林曲线"，即反映大气中二氧化碳含量观测结果变化的曲线，这证明大气中的二氧化碳含量实际上在上升。大气中二氧化碳"基林曲线"的连年上升使人们对气候变化问题的关注日盛。

20 世纪 70 年代中期，美国气候模拟学者真锅淑郎（Syukuro Manabe）和理查德·韦瑟尔德（Richard Wetherald）在《大气科学杂志》上发表了一篇非常重要的气候科学论文《给定相对湿度分布的大气热平衡》。两位学者开发了一个能大致准确表现当前气候的三维全球气候模型，这是一个数学上可靠且第一次能够产生物理性真实结果的模型。模型设计了更为真实的辐射传输模式，充分考虑了水汽的吸收和反馈，以及大气的对流运动。在模型大气层中，如果将二氧化碳加倍，将导致全球温度上升约 2℃。② 他们的研究被认为把气候变化的科学研究推向了现代。

1975 年 8 月，华莱士·布鲁克在《科学》杂志上发表了一篇论文，题为《气候变化：我们是否正处于全球变暖的边缘？》，"全球变暖"被正式放到科学家的桌面上。

1979 年，世界气象组织召开世界气候大会并得出结论："大气中二氧化碳含量增加可能导致低层大气逐渐变暖，特别是在高纬度地区，这似乎是合理的……在本世纪末之前，可能会发现区域和全球范围内的某些影响，并在下个世纪中期之前变得显著。"

---

① http：//scimonth. blogspot. com/2017/06/blog－post_ 2. html.

② Manabe S. , Wetherald R. T. (1975). "The Effects of Doubling the CO_2 Concentration on the Climate of a General Circulation Model". *Journal of the Atmospheric Sciences.* 32（3）：3－15.

三 20 世纪 80 年代：共识初成

这十年中，1945～1975 年的全球轻微降温趋势已经停止。1988 年 6 月，美国气候学家詹姆斯·E. 汉森（James E. Hansen）首次评估人类引起的变暖已经严重影响全球气候，并在美国国会就气候变化作证，这引起了公众"全球变暖"意识的提高。[①]

同年在加拿大多伦多市举办的"气候变化世界大会：对全球安全的影响（World Conference on the Changing Atmosphere：Implications for Global Security）"吸引了数百名科学家和其他人参会。他们的结论是，由于人类污染造成的大气层变化"对国际安全构成了重大威胁，并且已经在全球许多地方产生了有害后果"，并宣称到 2005 年全世界的排放量应该比 1988 年的水平减少 20%。[②]

20 世纪 80 年代，人们在应对全球环境挑战方面也取得了重大突破。例如，1985 年签订的《维也纳公约》和 1987 年达成的《蒙特利尔议定书》减少了臭氧破坏。酸雨也在许多国家和地区受到监管。

四 20 世纪 80 年代末：IPCC 成立

1988 年，世界气象组织（WTO）在联合国环境署（UNEP）的支持下成立了政府间气候变化专门委员会（IPCC）。IPCC 每 5～6 年编写和发布一次气候评估报告和补充报告，以描述当时对气候科学的理解状况。

与以前的报告相比，IPCC 第五次评估报告（AR5）更多地侧重于评估气候变化对社会经济方面和对可持续发展的影响、区域影响、风险

[①] "Statement of Dr. James Hansen, Director, NASA Goddard Institute for Space Studies" (PDF). *The Guardian*. London. Retrieved 29 September, 2018.

[②] WMO (World Meteorological Organization) (1989). *The Changing Atmosphere：Implications for Global Security, Toronto, Canada, 27–30 June 1988：Conference Proceedings* (PDF). Geneva：Secretariat of the World Meteorological Organization.

管理和划定应对措施的范围。而第六次评估报告（AR6）将根据《巴黎协定》的要求提供第一次《联合国气候变化框架公约》（UNFCCC）的全球盘点，届时各国将审查其在实现"全球温升控制在工业化前水平2℃、同时努力将其限制在1.5℃的目标方面取得的进展情况"。

　　IPCC虽然自身不开展研究，也不监督与气候有关的资料或参数，但负责评审和评估全世界最新的有关气候变化方面的科学技术和社会经济文献。① 截至目前，IPCC已经编写发布了五次评估报告（见表1-1），第六次评估报告目前正在编写，计划于2022年完成编写工作。

表1-1　IPCC历年评估报告汇总

年份	报告名称	简称
1990	IPCC第一次评估报告	AR1
1995	IPCC第二次评估报告	AR2
2001	IPCC第三次评估报告	AR3
2007	IPCC第四次评估报告	AR4
2014	IPCC第五次评估报告	AR5
2022	IPCC第六次评估报告	AR6

　　2014发布的第五次评估报告（AR5）结尾明确指出，气候变化是真实存在的，而人类活动是导致其发生的主要原因。② 以下是AR5的决策者摘要中阐述的要点③：

　　● 人类对气候系统的影响是明显的，而近年来人为温室气体排放达到了历史最高值。近期的气候变化已对人类系统和自然系统产生了广泛影响。

① http：//www.ipcc.ch/home_languages_main_chinese.shtml.
② http：//www.un.org/zh/sections/issues-depth/climate-change/index.html.
③ 张晓华等："IPCC第五次评估报告第一工作组主要结论对《联合国气候变化框架公约》进程的影响分析"，《气候变化研究进展》2014年10月1日，第14~19页。

●持续的温室气体排放将会导致气候系统所有组成部分进一步变暖并出现长期变化，会增加对人类和生态系统造成严重、普遍和不可逆影响的可能性。要限制气候变化将要求大幅、持续地减少温室气体排放，结合适应则能够限制气候变化的风险。

●适应和减缓是与减轻和管理气候变化风险相辅相成的战略。未来几十年的显著减排可降低21世纪及之后的气候风险、提升有效适应的预期、降低长期减缓的成本和挑战，并可促进有气候抗御力的可持续发展路径。

●许多适应和减缓方案可有助于应对气候变化，但只靠单一方案却不足以应对。有效的实施取决于全方位的政策与合作，而通过综合响应，将适应和减缓与其他社会目标相结合，可促进实施。

为了回应2015年12月通过的《巴黎协定》，2018年10月，IPCC发布全球升温1.5℃特别报告①，约100位科学家分析了如何实现全球升温控制在1.5℃以内这一目标以及升温带来的影响。

该特别报告指出，由于《巴黎协定》规定，各国应将升温控制在2℃以内，并努力使升温控制在1.5℃以内。IPCC特别报告专门比较了升温2℃与升温1.5℃所带来的风险差异。例如，在升温1.5℃的情况下，很可能每100年会出现一个北极无冰之夏；而在升温2℃的情况下，这一频率会上升到至少每10年一次。现存70%～80%的珊瑚礁也将消失。

报告强调，如果全社会不进行变革，不迅速采取强有力的减排行动，那么在实现可持续发展目标的同时，将升温控制在1.5℃以内的目标将难以实现。即使各国能够实现国家气候目标，并在2030年后继续加大减排力度，升温很可能还是会超过1.5℃。因此，所有国家和社会各方都必须立刻开展行动。

———————————

① https://www.ipcc.ch/report/sr15.

第二节　全球气候治理与中国

一　全球气候治理进程回顾

全球气候治理是指政府与非政府行为体为了将大气中的温室气体含量稳定在一定水平，防止人为活动对气候系统造成危险的干扰而依据一定的原则，经过共同协商而形成的正式或非正式的多层次和多利益攸关方合作的安排。[①]

气候变化是全球性问题，需要世界各国在国际舞台上共同治理，共同应对气候变化。这是 1992 年通过的《联合国气候变化框架公约》（UNFCCC）明确的全球气候治理的总体目标。《公约》下的谈判是推进全球气候治理进程的主要机制。1997 年 12 月在日本京都制定的《京都议定书》是 UNFCCC 的补充条款，于 2005 年开始强制生效，旨在"将大气中的温室气体含量稳定在一个适当的水平，以保证生态系统的平衡适应、食物的安全生产和经济的可持续发展"。[②]《京都议定书》是人类历史上首次以法规的形式限制温室气体排放，它遵循 UNFCCC "共同但有区别的责任"原则，要求所有工业化国家在 1990 年排放量的基础上，从 2008～2012 年将温室气体排放量减少 5.2%。在此期间，欧盟作为一个整体，要将温室气体排放量削减 8%，日本和加拿大各削减 6%，美国削减 7%。然而，由于对 1997～2001 年具体的年度指标分配等问题持反对意见，美国等国家宣布退出《京都议定书》。

2015 年达成的《巴黎协定》规定了全球气候治理的具体目标，提出了"自下而上"的国家自主贡献的创新机制。此后，美国联邦政府宣布退出《巴黎协定》，全球气候治理进程再次面临挑战。

---

① http://www.macaomiecf.com/miecf2017/wp-content/uploads/2014/03/2017-04-06-161543-90.pdf.

② The Ultimate Objective of Convention［《京都议定书》第二款：目标］.

2018 年 9 月，美国加州州长布朗倡议召开"全球气候行动峰会"，让国际社会感受到美国州、城市和民间层面继续落实《巴黎协定》的信心，全球气候治理开启全民总动员模式。

2018 年 12 月，联合国卡托维兹气候大会通过了《巴黎协定》落实细则，全球气候治理进程向前迈出了关键一步。

表 1－2　主要缔约方会议汇总

时间	会议名称	简称	地点	主要议题	谈判成果
1995 年	《联合国气候变化框架公约》第 1 次缔约方会议	COP1	德国柏林	讨论《联合国气候变化框架公约》下的安排	通过了《柏林授权书》，立即启动谈判进程，就 2000 年后各国应对气候变化行动展开磋商
1997 年	《联合国气候变化框架公约》第 3 次缔约方会议	COP3	日本京都	就各国量化减排目标进行谈判	达成具有法律约束力的《京都议定书》
2007 年	《联合国气候变化框架公约》第 13 次缔约方会议暨《京都议定书》第 3 次缔约方会议	COP13	印度尼西亚巴厘岛	重振应对气候变化国际合作	通过《巴厘路线图》，确认了《公约》和《议定书》下的"双轨"谈判进程；设定了两年的谈判时间，决定于 2009 年在丹麦哥本哈根举行的《公约》第 15 次缔约方会议和《议定书》第 5 次缔约方会议上最终完成谈判
2009 年 12 月 7 ~ 18 日	《联合国气候变化框架公约》第 15 次缔约方会议暨《京都议定书》第 5 次缔约方会议	COP15	丹麦哥本哈根	商讨《京都议定书》第一承诺期（2008 ~ 2012 年）到期后的后续减排方案，即 2012 ~ 2020 年的全球减排协议，为后京都时代定下行动基调	达成不具法律效力的《哥本哈根协议》；维护了"共同但有区别的责任"原则，坚持了"巴厘路线图"授权，维护了"双轨制"的谈判进程；最大范围地将各国纳入了应对气候变化的合作行动

续表

时间	会议名称	简称	地点	主要议题	谈判成果
2010 年 11 月 29 日 ~ 12 月 10 日	《联合国气候变化框架公约》第 16 次缔约方会议暨《京都议定书》第 6 次缔约方会议	COP16	墨西哥坎昆	明确《京都议定书》第一承诺期于 2012 年年底到期后发达国家的温室气体减排指标；落实发达国家向发展中国家提供用于应对气候变化的资金援助、技术转让等方面的共识	通过了《坎昆协议》；坚持并维护了"双轨制"的谈判进程
2011 年 11 月 28 日 ~ 12 月 9 日	《联合国气候变化框架公约》第 17 次缔约方会议暨《京都议定书》第 7 次缔约方会议	COP17	南非德班	确定发达国家在《京都议定书》第二承诺期的量化减排指标；落实资金、技术转让方的安排	建立德班增强行动平台，负责 2020 年后减排温室气体的具体安排；正式启动绿色气候资金
2012 年 11 月 26 日 ~ 12 月 7 日	《联合国气候变化框架公约》第 18 次缔约方会议暨《京都议定书》第 8 次缔约方会议	COP18	卡塔尔多哈	具体贯彻"德班平台"在 2015 年前完成 2020 年后新公约的制定工作；通过《京都议定书》修正案	通过《多哈系列协议》；通过《京都议定书》修正案，但美国、加拿大、日本、新西兰、俄罗斯等国拒绝参加，致使强制减排份额严重缩水
2013 年 11 月 11 ~ 22 日	《联合国气候变化框架公约》第 19 次缔约方会议暨《京都议定书》第 9 次缔约方会议	COP19	波兰华沙	落实从 2007 年开始巴厘路线图所确立的谈判任务、共识及承诺；开启德班谈判，确定从 2020 ~ 2030 年国际社会应对气候变化的目标、行动、政策、措施	强调德班平台基本体现公约原则；发达国家再次表态出资支持发展中国家应对气候变化

续表

时间	会议名称	简称	地点	主要议题	谈判成果
2014 年 12 月 1 ~ 15 日	《联合国气候变化框架公约》第20 次缔约方会议暨《京都议定书》第 10 次缔约方会议	COP20	秘鲁利马	确定 2015 年全球气候协议的基本要素；增强 2020 年前减排和资金的力度	通过《利马气候行动倡议》；达成 2015 年巴黎大会协议草案的要素共识
2015 年 11 月 30 日 ~ 12 月 11 日	《联合国气候变化框架公约》第21 次缔约方会议暨《京都议定书》第 11 次缔约方会议	COP21	法国巴黎	达成 2020 年《京都议定书》到期后新的全球协议	正式启动"后京都时代"
2016 年 11 月 7 ~ 19 日	《联合国气候变化框架公约》第22 次缔约方会议暨《京都议定书》第 12 次缔约方会议	COP22	摩洛哥马拉喀什	《巴黎协定》正式生效后的首次缔约方会议，商讨落实《巴黎协定》的细节问题	通过《马拉喀什行动宣言》
2017 年 11 月 6 ~ 18 日	《联合国气候变化框架公约》第23 次缔约方会议暨《京都议定书》第 13 次缔约方会议	COP23	德国波恩	确保如期拿出《巴黎协定》的实施细则，并使落实《巴黎协定》所需的工具和手段得到强化	通过《斐济实施动力》，就《巴黎协定》实施涉及的各方面问题形成了平衡的谈判案文，进一步明确了 2018 年促进性对话的组织方式，通过了加速 2020 年前气候行动的一系列安排
2018 年 12 月 2 ~ 15 日	《联合国气候变化框架公约》第24 次缔约方会议暨《京都议定书》第 14 次缔约方会议	COP24	波兰卡托维兹	需要完成《巴黎协定》实施细则谈判	如期完成《巴黎协定》实施细则谈判

二 国内气候治理进展

自2012年以来，国家发改委每年都会发布《中国应对气候变化的政策与行动年度报告》，体现了中国政府对气候变化问题的持续关注。近年来，中国将应对气候变化的挑战作为国内实现可持续发展的内在要求和重要机遇，实施了一系列政策措施和行动。比如加强生态文明建设，实施可持续发展战略，转变生产方式，调整经济结构、产业结构、能源结构，大力发展可再生能源等，走出了一条绿色低碳发展的道路。

习近平总书记多次强调，应对气候变化是中国可持续发展的内在要求，也是负责任大国应尽的国际义务，这不是别人要我们做，而是我们自己要做。[①] 2015年6月，中国提交《强化应对气候变化行动——中国国家自主贡献》，展现了中国低碳发展的新蓝图，提出2020～2030年应对气候变化行动目标、实现路径和政策措施。"十三五"规划纲要提出，在"十三五"期间单位GDP的二氧化碳排放量下降18%，这是一个约束性的指标。值得注意的是，这是在"十二五"期间碳强度下降了21.8%的基础上进一步提出的。2017年12月19日，国家发改委发布了《全国碳排放权交易市场建设方案（发电行业）》，标志着全国碳市场建设正式启动落实。

"十三五"以来，中国在有效控制二氧化碳排放方面也取得了一些积极进展。2016年碳排放强度下降了6.6%，2017年又进一步下降了5.1%左右，目前实现"十三五"碳排放强度下降目标的进展态势比较好。

中国产业结构进一步优化。通过不断推进产业结构转型升级，服务业继续领跑经济增长，工业向中高端加速迈进，工业领域去产能成效显现。"十三五"以来，第三产业增加值占国内生产总值的比重提高了

[①] 《中国将尽快提出2020年后应对气候变化行动目标》，人民网，http：world. people. com. cn/n/2014/0925/c157278 - 25729744. html。

2.3 个百分点，2018 年前三季度第三产业增加值占国内生产总值的比重比上年同期又提高了 1.6 个百分点。高技术产业和战略性新兴产业增加值的增速分别比规模以上工业快了 4.6 个和 4.8 个百分点。

在能源结构调整方面，有效控制煤炭生产和消费，促进煤电的有序发展，多措并举积极发展非化石能源发电。1990~2010 年间，中国累计节能量占全球累计节能量的 58%，中国近十年可再生能源装机容量达到 6 亿千瓦，居全球首位。① 新增装机占全球增量的 42%。中国已经成为世界节能和利用新能源、可再生能源的第一大国。"十三五"以来，煤炭占能源消费总量比重预计下降超过 3 个百分点左右。2018 年前三季度全国规模以上煤炭企业的原煤产量同比下降 10.6%，水电、核电、风电三类电源发电量同比增长 21.1%。煤炭消费比重比 2017 年同期下降了约 1.1 个百分点，水电、风电、核电等非化石能源消费的比重比上年同期提高了约 1 个百分点。

习近平总书记在十九大报告中指出，中国在过去五年中引导应对气候变化国际合作，成为全球生态文明建设的重要参与者、贡献者、引领者。②

2018 年两会期间，中国国务院高层领导正式为新组建的生态环境部揭牌。扩大了该部门的职能，使其能够加强对影响许多城市人口日常生活的传统污染物的管理，以及对温室气体排放的控制。

2018 年 5 月，习近平总书记在生态环境保护大会上强调指出，要积极制定应对气候变化战略，推动和引导建立公平和共赢的全球治理体系，推动构建人类命运共同体。习近平总书记在讲话中强调，生态文明建设是关系中华民族永续发展的根本大计。党的十八大以来，中国加快推进生态文明顶层设计和制度体系建设，加强法治建设，建立并实施中央环境保护督察制度，大力推动绿色发展，深入实施大气、水、土壤污

① https://news.china.com/news100/11038989/20170922/31503790.html.
② http://cpc.people.com.cn/xuexi/n1/2018/0307/c385476-29852988.html.

染防治三大行动计划，率先发布《中国落实 2030 年可持续发展议程国别方案》，实施《国家应对气候变化规划（2014～2020 年）》，推动生态环境保护发生历史性、转折性、全局性变化。习近平总书记强调，要实施积极应对气候变化国家战略，推动和引导建立公平合理、合作共赢的全球气候治理体系，彰显我国负责任的大国形象，推动构建人类命运共同体。

三 中国对全球气候治理的贡献

中国从一开始就是全球气候治理的重要成员，以"77 国集团加中国（G77 + China）"的模式，与广大发展中国家一起，为维护发展中国家的发展权益发挥了重要的作用。

减排义务一直是气候谈判的核心问题。中国谈判立场中最核心也最受国际社会关注的是坚持"共同但有区别的责任原则"，中国在现阶段不承担与发达国家相类似的减排义务。外交部部长王毅在 2014 年联合国气候峰会期间出席第 69 届联合国大会一般性辩论发言时表示"各方应以共同但有区别的责任原则、公平原则、各自能力原则为基础，推动 2015 年年底如期完成 2020 年后应对气候变化新制度的谈判"。2017 年 10 月，中国气候变化事务特别代表解振华介绍《中国应对气候变化的政策与行动 2017 年度报告》时说："中国政府积极参与《联合国气候变化框架公约》下谈判进程，坚定维护公约的原则和框架，坚持公平、共同但有区别的责任和各自能力原则。"在坚持这个基本立场的同时，中国近年来在国际气候谈判及相关领域表现出的积极、开放、合作的态度，受到国际社会的高度评价。2009～2015 年，中国通过自己的努力在全球气候治理进程中实现了从追随者到参与者、贡献者和引领者的转变。

2015 年联合国巴黎气候大会前，中国先后同英国、美国、印度、巴西、欧盟、法国等发表气候变化联合声明，就加强气候变化合作、推进多边进程达成一系列共识，尤其是中美、中法气候变化联合声明中的有关共识在《巴黎协定》谈判最后阶段成为各方寻求妥协的基础。

2015 年 11 月 30 日，习近平主席出席气候变化巴黎大会开幕活动，发表题为《携手构建合作共赢、公平合理的气候变化治理机制》的重要讲话，明确提出"各尽所能、合作共赢""奉行法治、公平正义""包容互鉴、共同发展"的全球治理理念，同时倡导和而不同，允许各国寻找最适合本国国情的应对之策。① 中国积极开展气候外交，为多边进程提供推动力。中国充分发挥大国影响力，加强与各方沟通协调，不断调动和积累有利因素，为推动如期达成《巴黎协定》发挥关键作用。

在推进以联合国为中心的气候治理机制的同时，中国大力推进南南合作，为帮助发展中国家应对气候变化提供力所能及的支持。针对不少发展中国家经济和基础设施落后、易受气候变化不利影响威胁且应对能力薄弱的问题，多年来，中国通过开展气候变化南南合作为非洲国家、小岛屿国家和最不发达国家提高应对气候变化能力提供了积极支持。

在 2017 年美国宣布将退出《巴黎协定》之后，中国政府多次表态会继续履行《巴黎协定》承诺，中国外交部多次表示，无论其他国家的立场发生了什么样的变化，中国都将加强国内应对气候变化的行动，认真履行《巴黎协定》。

2018 年联合国卡托维兹气候变化大会前夕，中国国家主席习近平在二十国集团（G20）布宜诺斯艾利斯峰会上号召各方继续为应对气候变化国际合作提供政治推动力。中国国务委员兼外交部部长王毅亦在峰会期间与法国外交部部长勒德里昂、联合国秘书长古特雷斯共同举行气候变化问题三方会议，呼吁各国体现担当、采取行动、加强协作。

在气候大会举行的领导人峰会期间，中方代表、生态环境部部长李干杰再次表达了中方推动落实《巴黎协定》、支持大会取得成功的积极意愿。

在国际社会多不看好卡托维兹气候大会前景之际，中方的坚定态度

---

① http://www.qstheory.cn/dukan/qs/2016-03/31/c_1118463935.htm.

无疑为各方注入了信心。①

2018 年的联合国卡托维兹气候大会上，中国与欧盟、加拿大等发挥联合领导力，通过"搭桥"方案，协调各国通过了《巴黎协定》实施细则。联合国秘书长古特雷斯评价，中国在卡托维兹发挥了中心的作用。

还有一点值得肯定的是，中国政府在参与进程的过程中意识到多元治理的重要性，逐渐与包括国际组织、媒体、私营部门、研究机构等在内的多元行为体开展合作，实践出一条政府引导、社会共治的新型治理之路。

---

① 《非常挑战，中国应对气候变化"非常"出手》，中国新闻网，2019 年 2 月 5 日，http://news.bandao.cn/a/179183.html.

第二章　气候传播与公众认知研究

气候传播是利益相关方在全球气候治理的不同层次开展的信息传递，今天仍有很多人对气候传播的理解定位在"是媒体的事""传播就是宣传"等相对传统的认知上，因此只是把注意力放在媒体内容分析上，缺少对气候传播在全球气候治理进程中的作用的整合认知。

气候传播不是为传播而传播，而是气候治理的策略工具，气候传播的目的是为了推动更有效的治理。[①] 气候传播的参与者是气候治理的利益相关方，目标是提升意识，加深理解，进而激发更多行动。所以，在联合国卡托维兹气候大会后，气候传播工作者面临着更为艰巨的任务，即寻找到创新的行动方案，结合全球气候治理的大趋势，精准地进行传播，动员更多利益相关方采取有效行动，助力实现快速低碳转型。

第一节　气候传播研究

回溯气候传播的历史，当气候变化还只是环境领域探讨的问题时，西方媒体已经开始尝试气候传播实践。20 世纪 70 年代，全球变暖的概念开始在媒体上频繁出现。1977 年 7 月 21 日，全职作家保罗·瓦伦丁

---

① 王彬彬：《中国路径：双重博弈视角下的气候传播与治理》，中国社会科学出版社，2018。

为《华盛顿邮报》撰写了题为《100 年的趋势：越来越热》的文章。1978 年 2 月 18 日，托马斯·图勒发表文章《气候专家预测变暖趋势》，第一次提到碳和油的使用导致二氧化碳在大气中的浓度升高，全球温度将随之升高。这可以算是第一次对全球变暖、气候变化的准确描述。

20 世纪 80 年代，气候变化在欧美科学家的研究基础上成为全球议题。随着关注度的提升，围绕气候变化是否存在、气候变化问题是否真实的辩论也开始展开，并持续了十多年时间。Moser 通过研究发现，对气候变化持怀疑论的主要是传统的化石能源企业的代表，为了保护自己的眼前利益，继续靠传统能源牟取暴利，这些人收买一部分科学家和智库，借助媒体散播信息，强调气候变化是虚假的、夸大的、没有达成科学上的共识等信息，企图扭转公众对气候变化的认知。

辩论的另一方是气候变化真实论的支持者。这些人在长时间的数据支持和预防原则基础上强调气候变化真实存在，提供进一步的研究发现来反驳辩论对手的观点。他们也利用媒体发声，不自觉充当起气候变化传播者的角色，让更多公众了解最新的气候变化原理等科学知识。

很长一段时间内，辩论双方针锋相对，互不相让。从趣味性和全面报道的考虑出发，媒体自然不能缺席这场精彩的较量。但是，因为双方都是针对复杂的科学问题进行辩论，媒体报道的内容也集中在学术争议层面。气候变化基础研究的专业性相当高，媒体在复杂的数据分析面前也无所适从，只能重复双方对结论的表达。这样，当媒体对气候变化真实论的观点进行集中报道时，公众认定气候变化确实发生了；当媒体集中报道否定论的观点时，公众的态度又会有大的转变。可见，在这个阶段，气候变化的科学性和专业性阻碍了媒体的深度参与，只停留在肤浅的报道层面上，不能帮公众对气候变化有充分认知。

经过 20 多年的发展，随着气候变化研究的深入，科学界在气候变化的成因、影响和应对上达成越来越多的共识。气候变化研究，特别是气候变化的影响研究拉近了这个复杂的科学议题与普通公众的距离。同时，公众在日常生活中经历了极寒、极暖、干旱、洪涝等极端天气气候事件，深刻体会到气候变化的影响。因为加深了对气候变化的理解，公众开始主动思考如何应对气候变化。气候传播不再是"专家间的决斗比赛"。尽管怀疑论者依然存在，针对气候变化的公开辩论已经不再占据舆论主流，更多的注意力被放在怎样采取应对行动上。

随着对气候变化议题理解的深入，对气候传播的重视程度也得到前所未有的加强。2004 年，英国政府委托相关部门开始国家气候传播策略问卷调查；2005 年，英国政府计划拨款 1200 万英镑开展气候传播国家行动，推动公众重视气候变化，从而通过全民减排对抗气候变化；2006 年 2 月，题为《明天的气候，今天的挑战》的策略报告出炉，报告正式提出成立专门的气候挑战基金，支持国家和地区层面的气候传播行动。与此同时，一些环境组织也以同样的目的开始推行"全民气候运动"。随后，气候传播成为前沿的跨学科课题，英国、德国、瑞典、美国、加拿大等切入气候变化领域较早的国家先后成立专门基金支持气候传播研究，一些高校及研究机构也陆续成立气候传播研究中心开展相关研究项目。从各国的研究成果分析，目前气候传播领域偏重实用性的方法论及受众心理学研究，以达到有效提升公众应对气候变化意识的目标。如欧盟空间计划（ESPACE）出具的气候传播策略报告提出气候传播的实用标准，即打破气候变化神话、用新的思路去思考、有效联系政治与传播、受众定位原则、类型分析及有效管理；哥伦比亚大学在美国国家科学基金的支持下完成《气候传播心理学》，详细阐述了气候传播八条原则，即充分了解受众需求、必须引起受众关注、将晦涩的科学数据转换成具体可感的例子、不要过度使用感性诉求、强调科学及气候变化的不确定性、充分开发社会个体之间的联系、鼓励团体参与及降低行动难度等。正是有了这些研究基础，气候变化得以在全世界范围内迅速传播，并在 2009 年年底成为全球关注的议题。

可见，对公众认知、媒体报道的话语框架分析及传播策略的探讨，构成了欧美气候传播研究与实践的基本框架。相比而言，国内的气候传播研究起步晚于欧美，2009 年联合国哥本哈根气候大会是国内开始大范围进行气候传播的起点，研究内容以媒体内容分析为主。在意识到公众认知调研的重要性后，这一量化的科学方法开始逐渐被采纳。

表 2－1　中国与欧美国家气候传播研究状况对比

气候传播研究　　国　别	欧美国家	中国
开始时间	20 世纪 80 年代	21 世纪初
研究起源	气候变化真实性辩论	联合国气候变化谈判
基本态度	气候变化是环境问题 关注减排	气候变化是发展问题 同时关注减排和适应
研究定位	环境传播	气候传播
研究框架	媒体内容和话语框架分析、公众认知、策略分析	媒体内容及话语框架分析、传播主体角色及策略分析、公众认知
研究方法	定量分析为主，定性分析为辅	定性分析为主，定量分析为辅
研究代表	耶鲁大学气候传播项目	中国气候传播项目中心

注：本表在郑保卫、王彬彬发表的《中国气候传播研究的发展脉络、机遇与挑战》（《中国社会科学文摘》2013 年第 10 期）表格基础上做了更新。

第二节　公众认知研究

应对气候变化离不开公众参与。公众的风险认知强烈影响着人们应对气候变化中的行为方式以及他们对相关政策的态度。因此，公众认为气候风险是什么，为什么他们这样认为，以及他们对应对相关气候政策的看法等问题对决策者来说是至关重要的。[1]

同时，及时了解公众对气候变化定义、影响和相关政策的认知和态度，也可以帮助政策制定者更理性地制定相关政策，并为企业、社会组织、科研机构等利益相关方设计、开展工作提供数据依据。

一　国际公众气候认知研究

2000 年之前，大多数对公众认知感兴趣的学者将关注点放在公众对

---

[1]　Leiserowitz, A.（2007）. International public opinion, perception, and understanding of global climate change. Human development report, 2008, pp. 1 - 40.

环境问题的反应上。2000年后，越来越多的学者开始从社会科学视角关注气候变化公众认知及怎样更好地进行气候变化传播。相关研究主题包括公众对气候科学是否有正确认知、公众对应对气候变化不同行为策略的态度及公众参与应对气候变化的障碍等。这些研究的成果被应用在不同的气候传播倡导活动中，如欧盟从2010年持续至今的气候行动倡导①和瑞典环境保护机构于2002年发起的为期一年的气候倡导活动②等。

国际上从事公众认知研究的主要机构包括美国耶鲁大学气候传播项目、美国乔治·梅森大学气候传播项目、美国皮尤中心、盖洛普调查公司、英国广播公司（BBC）媒体中心、尼尔森等。虽然研究显示很多国家公众的气候变化意识比20年前高出很多，但一些国家的公众在2011年前后对气候变化的关注呈下降趋势。耶鲁大学气候传播项目（Yale Program on Climate Change Communication，YPCCC）从20世纪开始从事公众认知研究，在全美开展公众气候认知调查，于2008年提出了"六类美国人"理论，即基于调研将美国人对全球变暖的认知分成六大类，从而对美国公众气候变化的认知进行了细分研究，是这方面工作的先行者。他们在持续的数据积累基础上开发出了美国公众气候认知地图，用以观测不同州、城市公众认知的变化趋势。2011年的全美气候认知调查中，"非常担心"和"有点担心"全球变暖的公众从2008年的63%跌至2011年的52%。研究结论显示，美国的部分公众对气候问题出现"审美疲劳"。英国的情况则相反，2012年的问卷调查显示，约71%的英国受访者非常或相对关注气候变化问题。另有研究显示，相信气候变化发生而且会对人类有严重影响的英国公众有增多的趋势。欧盟民调机构的调查显示，2009年64%的欧盟公众认为气候变化是严重的问题，2011年这个比例上升到68%。澳大利亚的调查显示，66%的公众非常

---

① The EU's Climate Action campaign. 检索于：http：//ec. europa. eu/climateaction/index_en. htm。

② The Swedish Climate Campaign. 检索于：http：//www. naturvardsverket. se/Nerladdningssida/? fileType = pdf&downloadUrl = /Documents/publikationer/620 – 8153 – 5. pdf。

或相对关心气候变化问题。

通过研究欧美公众 1991~2006 年的气候变化认知可以发现，欧美公众认知比例的升降是周期性的。受调查者充分认识到气候变化问题的存在，但他们关于气候变化的成因和解决方案的认识是不充分的。气候变化被看作是严重的威胁，但在时空上还是遥远的。因此，他们认为气候变化相比其他个人或社会风险的重要性要低。而且，在应对气候变化的行动上，他们认为政府应该是主要的责任方，而不是个人。研究证明，虽然气候变化问题已经引起了公众的注意，但因为气候变化的复杂性和不确定性，公众对其认知还是含混不清的。政府和国际社会如果期待公众能参与到应对气候变化的行动中，就需要加强以促进公众参与为目标的气候传播工作。

二　国内公众气候认知研究

国内不同机构分别对农民、城市居民、企业管理者、在校大学生及不同区域的公众开展过特定范围的公众认知调查，在了解不同群体的认知状况基础上提出相应的政策和行动建议。

2012 年，中国气候传播项目中心在中国（港、澳、台除外）开展公众认知调查，覆盖了中国内地城市和农村的 4169 位成年受访者，全面了解中国公众关于气候变化及相关议题的认知、态度及实践等信息。通过调研发现，中国公众完全没听说过气候变化问题的只有 6.6%，"大多数公众认为气候变化正在发生，主要是由人类活动引起的，而中国已经受到了气候变化的危害，这种危害对农村居民的影响更大"。① 这是第一次由独立第三方开展的全国范围公众认知调查，为国际谈判和国内政策制定提供了数据参考。

在调研的基础上，比较了美国、墨西哥、中国大陆、中国台湾、亚

---

① 王彬彬：《公众参与应对气候变化，让数据发声》，《世界环境》2014 年第 1 期，第 34~37 页。

洲七国等国家和地区的公众认知数据，发现一些公众认知上的共通点，比如普通公众对气候变化的认知仍停留在基于个人经历的主观假设层面，感性成分居多；对于大多数公众而言，气候变化认知和行动之间仍有差距。

2013 年，中国气候传播项目中心针对城市公众开展低碳意识调查，并在调查结果的基础上依据城市公众的"低碳概念认知""低碳政策认知""低碳付费意愿""低碳行为表现"四项指标进行分类，区分出中国城市公众在低碳认知和行为上的四种类型及其基本特征，并结合"四类低碳人"及其特征，提出针对性的媒体传播策略。

继 2012 年开展全国范围公众气候认知调研后，2017 年，中国气候传播项目中心开展第二次全国范围公众认知调查。调研采用计算机辅助电话调查方式完成，样本量为 4025 人，覆盖中国内地 332 个地级行政单位和 4 个直辖市，特别考虑了城乡比例、性别比例，以更客观地呈现中国公众普遍的认知情况。研究显示，中国公众的气候认知度保持在高水平（94.4% 的受访者认为气候变化正在发生，66% 的受访者认为气候变化主要由人类活动引起，79.8% 的受访者对气候变化表示担心），公众高度支持政府颁布的减缓和适应气候变化的相关政策。与五年前相比，空气污染和健康成为公众最担心的气候变化影响，共享单车等科技创新给公众参与应对气候变化提供了落地方案。

第三章 中国公众气候认知度调研数据

第一节 2012年中国公众气候认知数据

2012年7~8月，中国气候传播项目中心、中国人民大学统计学院在中国内地开展了第一次全国范围内的公众气候认知抽样调查。调查覆盖了中国内地城市、农村的4169位成年受访者，旨在了解中国公众对气候变化及相关议题的认知、态度及实践等信息。调研抽样的边际绝对误差为：±1.54%。

本次调研核心发现包括：

A. 对气候变化问题的认知度

●93.1%的受访者表示了解气候变化，其中认为自己"只了解一点"的占28.4%，"了解一些"的占53.7%，"了解较多"的占11.4%，而"从没听说过"的占比为6.6%。

●93%的受访者认为气候变化正在发生。在调查中，不同年龄段的受访者认为气候正在发生变化的比例均高于90.0%。

●60.6%的受访者认为气候变化主要由人类活动引起，33.1%的受访者认为气候变化主要由环境自发变化引起，4.1%的受访者认为气候变化是由其他一些因素引起的，而2.2%的受访者认为气候根本没有发生变化。

● 77.7%的受访者对气候变化表示担忧，其中23.0%的人非常担心气候变化，54.7%的受访者对气候变化有些担心，而对气候变化不太担心或完全不担心的人占比分别为14.2%和8.2%。

B. 对气候变化影响的认知度

● 60.8%的受访者认为其经历过气候变化，而38.9%的受访者认为其没有经历过气候变化。

● 68.4%的受访者认为中国当前已经受到气候变化的危害。

● 57.7%的受访者认为，气候变化对自己与家人有中等或很大影响；83.5%的受访者认为，气候变化对本国公众有中等或很大影响；而88.6%的受访者认为气候变化对子孙后代有中等或很大影响。

● 就气候变化对农村和城市居民的影响来看，受访者中47.9%的人认为气候变化对农村居民的影响会更大。

C. 对气候变化应对的认知度

● 有近47.5%的受访者同意"人类能够应对气候变化带来的挑战"，其次，22.6%的受访者比较同意这种说法。

● 有76.3%的受访者同意"人们如果不改变自己的行为，将很难应对气候变化带来的挑战"。

● 87.0%的受访者愿意为购买环保产品花更多的钱，其中约有26.6%的受访者愿意多支付一成的成本购买环保产品，所占比例最大；其次是多支付二成的成本，约有26.2%的受访者。不愿多支付价格购买环保产品的受访者为13.0%。

D. 对气候变化政策的支持度

● 87.7%的受访者认同政府要求企业符合更高的环境标准，即使可能增加产品成本。

● 90.2%的受访者认同政府要求新生产的汽车更加节能环保，即使可能增加汽车成本。

● 90.3%的受访者赞同政府使用绿色建筑材料和设计技术，即使可能增加建筑成本。

● 74.4%的受访者认同政府要求消费者购买可再生的产品，即使消费者要花更多的钱。

● 91.9%的受访者赞同政府制定强制性垃圾分类和回收标准，即使会增加成本。

● 84.3%的受访者赞同政府要求农民使用有机肥料，即使我们购买食品要花更多的钱。

E. 应对气候变化措施的执行度

● 83.6%的受访者总是或经常在不用照明时随手关灯。

● 79.3%的受访者总是或经常在不用电子产品（如电视和电脑）时随手关机。

● 47.7%的受访者总是或经常使用环保购物袋而不是塑料袋。

● 33.9%的受访者总是或经常实施垃圾分类。

● 61.5%的受访者总是或经常减少使用一次性纸杯或餐具。

● 53.6%的受访者总是或经常对物品进行重新利用，而不是购买新物品。

● 44.7%的受访者总是或经常尽量少使用空调。

● 79.7%的受访者总是或经常尽可能节约生活用水（如洗衣、洗脸、漱口时）。

● 69.5%的受访者总是或经常尽量步行、骑自行车或搭乘公共交通工具。

F. 对气候传播效果的评价

● 93.8%的受访者获取气候变化的信息源为电视，66.1%的受访者获取气候变化的信息源为手机，65%的受访者获取气候变化的信息源为网络。

● 受访者最为相信来自科研机构和政府发布的气候变化相关信息。

● 受访者最关注的新闻中，仅有 9.2%的受访者选择了环境新闻。

一 对气候变化问题的认知度

1. 对气候变化了解程度的判断

本次调查中,超过90%的受访者表示了解气候变化(93.1%),其中认为自己"了解一些"的占53.7%,认为自己"了解较多"的占11.4%(见表3-1)。

表3-1 气候变化了解程度

气候变化了解程度	从没听说过	只了解一点	了解一些	了解较多
占比(%)	6.6	28.4	53.7	11.4

结合人口统计学特征进行分析,受访者对气候变化了解程度的自我认知呈现三个特点:

一是女性受访者对气候变化的了解程度高于男性(见图3-1);

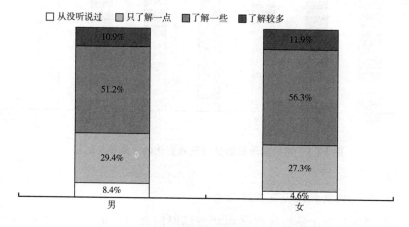

图3-1 男女对气候变化的了解程度比较

二是农村受访者对气候变化的了解程度明显高于城市受访者(见图3-2);

三是受访者学历越高,个人认为其对气候变化了解程度越低(见图3-3)。

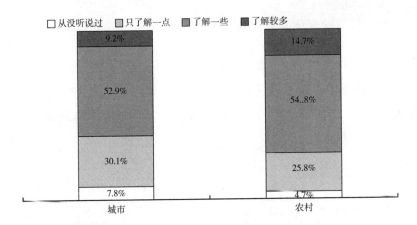

图 3-2 不同居住地受访者对气候变化的了解程度比较

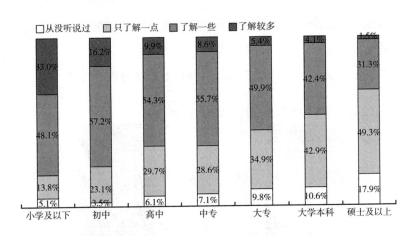

图 3-3 不同学历受访者对气候变化的了解程度比较

2. 对气候变化是否发生的判断

在"气候变化是指气候平均状态随时间而发生的变化，您认为气候变化正在发生吗?"题目中，有93.0%的受访者认为气候正在发生变化（见图3-4）。在调查中，不同年龄段的受访者认为气候正在发生变化的比例均高于90%。

3. 对气候变化形成原因的判断

对气候发生变化原因的认知上，58.8%的受访者认为气候变化主要

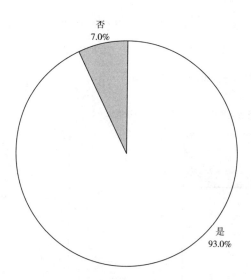

图 3 - 4　对气候变化是否发生的判断

由人类活动引起，32.1% 的受访者认为气候变化主要由环境自发变化引起，2.1% 的受访者认为气候根本没有发生变化（见图 3 - 5）。

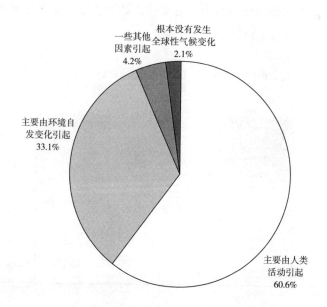

图 3 - 5　对气候发生变化原因的判断

而不同性别的受访者对气候变化原因的认知存在显著性差异，63.9%的男性认为全球气候变化主要由人类活动引起，而女性受访者中，持该观点的人占56.1%（见图3-6）。

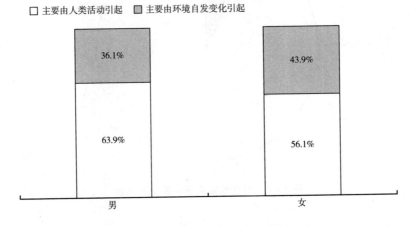

图3-6 不同性别对气候发生变化原因的判断

常住地为城市的受访者中，更多的人认为全球气候变化主要由人类活动引起（见图3-7）。

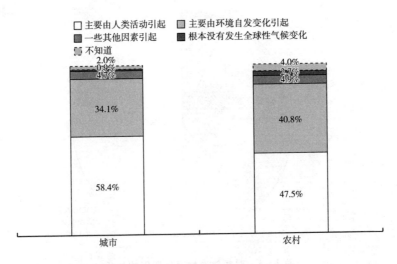

图3-7 不同地区受访者认为气候变化原因的比较

　　年龄越小，认为气候变化由人类活动引起的比例越高，在18～24岁的人群中，68.0%的受访者认为全球气候变化主要由人类活动引起，是认为全球气候变化主要由环境自发变化引起的人的比例的2倍还多（见图3－8）。

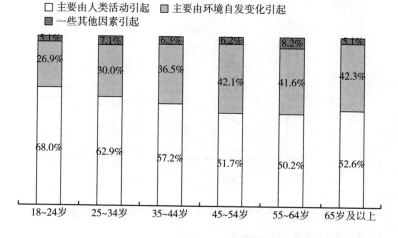

图3－8　不同年龄对气候变化原因的认知比较

　　学历越高，认为全球气候变化主要由人类活动引起的人占比越高，硕士及以上学历人群中，84.8%的人持有该观点（见图3－9）。

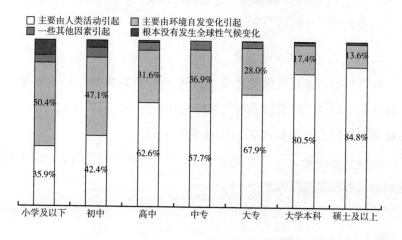

图3－9　不同学历对气候变化原因的认知比较

更多的高收入者（年收入）认为气候变化主要由人类活动引起（见图3-10）。

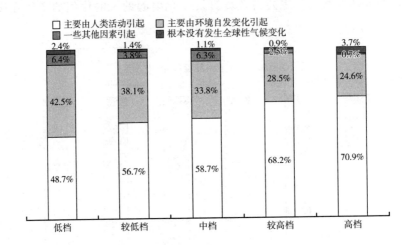

图3-10　不同收入受访者认为气候变化原因的比较

注：将收入分为五档，分别为：

低档：1. 小于10000元　2. 10000~19999元　3. 20000~29999元；

较低档：4. 30000~39999元　5. 40000~49999元　6. 50000~59999元；

中档：7. 60000~69999元　8. 70000~79999元　9. 80000~89999元；

较高档：10. 90000~99999元　11. 100000~149999元　12. 150000~199999元；

高档：13. 200000~299999元　14. 300000~499999元　15. 500000元及以上。

后续题目收入的分类同此处。

4. 对气候变化的担忧程度

77.7%受访者对气候变化表示担忧，其中23%的受访者非常担心气候变化，54.7%的受访者对气候变化有些担心，而对气候变化不太担心或完全不担心的人只占22.4%（见图3-11）。

值得注意的是，自我认知对气候变化了解越少的受访者，对气候变化的担忧程度越高（见图3-12）。

另外，认为气候变化正在发生的受访者，对气候变化也更加担忧（见图3-13）。

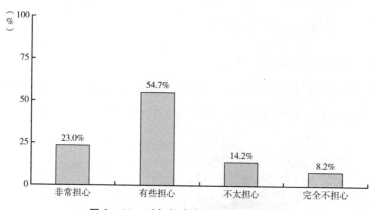

图 3-11 对气候变化的担心程度比较

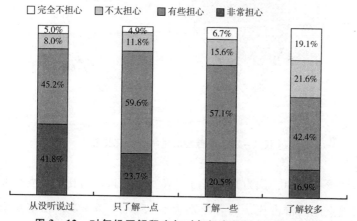

图 3-12 对气候了解程度与对气候变化担心程度的比较

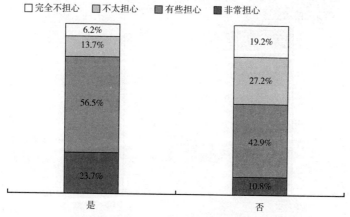

图 3-13 认为气候是否正在变化与对气候变化担心程度的比较

二 对气候变化影响的认知度

1. 对气候变化见证的判断

60.8% 的受访者认为其经历过气候变化，高出认为其没有经历过气候变化人群占比 20 多个百分点（见图 3 – 14）。

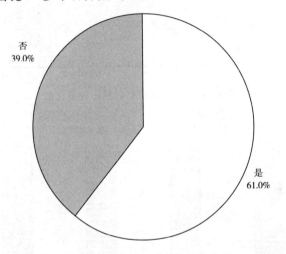

图 3 – 14 是否经历过气候变化比较

男性受访者中，认为其经历过气候变化的人群占比高于女性受访者中持该观点的人群占比，两者分别为 64.5% 和 56.2%，相差 8 个百分点多（见图 3 – 15）。

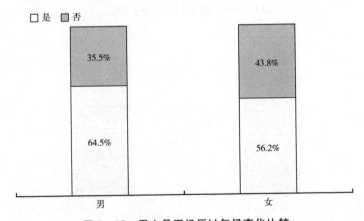

图 3 – 15 男女是否经历过气候变化比较

年龄越大，认为其经历过气候变化的人群占比越高（见图3-16）。

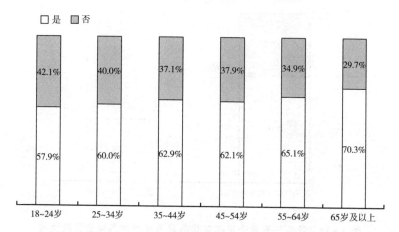

图3-16　不同年龄受访者是否经历过气候变化比较

学历越高，认为其经历过气候变化人群占比越高（见图3-17）。

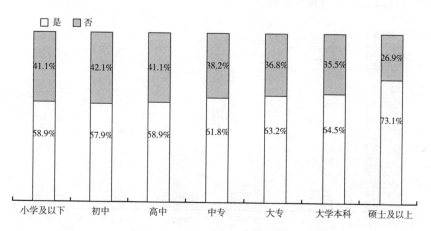

图3-17　不同学历受访者对是否经历过气候变化的比较

认为气候变化正在发生的受访者也大都认为其经历过气候变化（见图3-18）。

2. 对气候变化影响时间的判断

在问及受访者，"您认为中国会受到气候变化危害吗？是现在受到危害，还是在未来多少年内会受到危害？10年内、25年内、50年内、

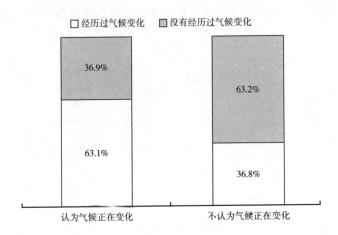

图 3 – 18　认为气候是否正在变化与是否经历过气候变化的比较

100 年内，或者永远不会受到危害?" 一题中，近 70% 的受访者认为中国当前已经受到气候变化的威胁（见图 3 – 19）。

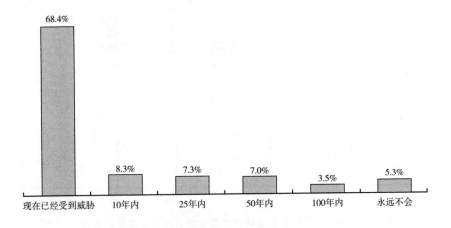

图 3 – 19　中国是否受到气候变化危害

学历越高，认为正在经受气候变化威胁的人比例越高（见图 3 – 20）。

认为气候正在发生变化的受访者，也认为目前已经受到气候变化的威胁（见图 3 – 21）。

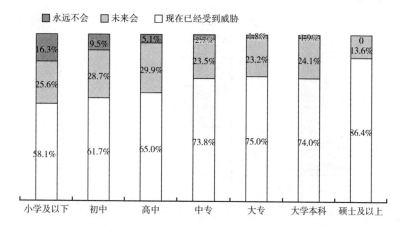

图 3－20　不同学历受访者认为中国是否受到气候变化危害的比较

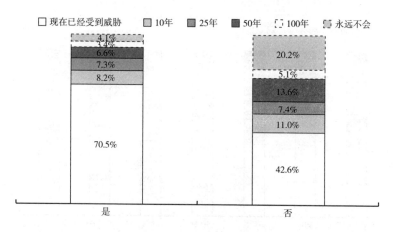

图 3－21　气候是否正在变化与目前是否受到气候变化威胁的比较

3．对气候变化影响对象的判断

受访者普遍认为气候变化对自己、家人、本国公众及子孙后代有中等或很大影响，其中，认为气候变化对子孙后代的影响最大，而对本国公众和自己与家人的影响依次递减（见图 3－22）。

学历越高，认为气候变化对公众影响中等或很大的受访者比例越高（见图 3－23）。

就气候变化对农村和城市居民的影响来看，受访者中 47.9% 的人认为气候变化对农村居民的影响会更大（见图 3－24）。

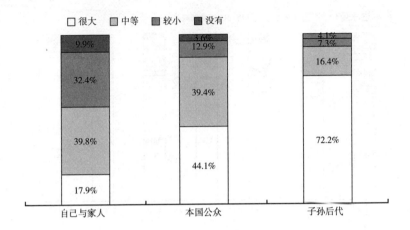

图 3 - 22　气候变化对人类的影响比较

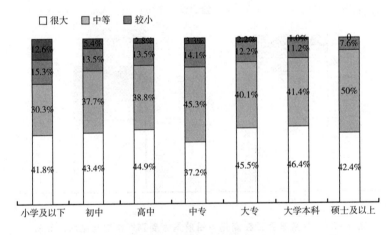

图 3 - 23　不同学历对气候变化对公众影响的认识比较

就气候变化对不同性别的影响来看，绝大多数受访者认为气候变化对男女的影响是一样的（见图 3 - 25）。

4. 对气候变化表现的判断

对于在中国的未来 20 年里，如果不采取措施应对气候变化，您认为气候变化时会导致"1. 干旱和水荒、2. 洪水、3. 疾病增多、4. 植物和动物种类灭绝、5. 饥荒和食物短缺"5 种现象"增加很多""有些增加""有些减少""减少很多"还是"没有变化"一题中，总体上超过

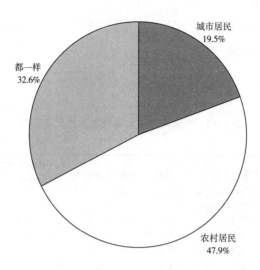

图 3 – 24 气候对城市和农村居民影响比较

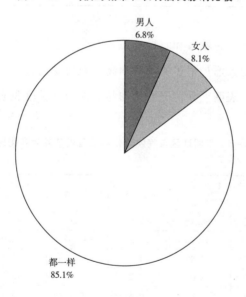

图 3 – 25 气候对男女影响比较

60％的受访者认为这 5 种现象是增加的态势，而受访者对于 "5. 饥荒和食物短缺" 的危机意识最弱。

其中认为 "干旱和水荒" "增加很多" 的人数比例最高（58.8％），其次是 "洪水"（47.8％）和 "疾病增多"（46.7％），而 "植物和动物种类灭绝""饥荒和食物短缺"现象中占比最大的选项为"有些增加"。亦即，对第1、2、3种现象，多数人认为气候变化会导致其增加很多，而对第4、5种现象，多数人认为会"有些增加"，程度稍轻于前三种（见表3-2）。

表3-2 气候变化导致各现象发生变化比较

单位：%

类别	1. 干旱和水荒	2. 洪水	3. 疾病增多	4. 植物和动物种类灭绝	5. 饥荒和食物短缺
增加很多	58.8	47.8	46.7	40.1	26.6
有些增加	31.1	37.4	41.8	40.6	38.0
有些减少	3.7	4.8	2.7	8.2	8.5
减少很多	2.3	2.8	2.1	3.8	3.5
没有变化	4.2	7.1	6.7	7.4	23.5
合计	100	100	100	100	100

按居住地来看，城市和农村受访者的观点也同总体一致，但是城市受访者认为各现象增加很多的比例均高于农村受访者。卡方检验结果五种情况都显著，表明五种情况的认知与居住地有关（见表3-3）。

表3-3 不同地区与气候变化导致各现象发生变化比较

单位：%

居住地	类别	1. 干旱和水荒	2. 洪水	3. 疾病增多	4. 植物和动物种类灭绝	5. 饥荒和食物短缺
城市	增加很多	60.7	49.5	48.6	41.9	28.6
	有些增加	30.7	37.9	41.7	42.0	38.6
	有些减少	2.8	4.0	2.1	7.1	8.4
	减少很多	2.0	2.2	2.1	3.5	2.9
	没有变化	3.8	6.4	5.5	5.5	21.5
	总计	100	100	100	100	100
农村	增加很多	55.7	45.0	44.0	37.3	23.1
	有些增加	31.7	36.7	41.7	38.0	37.2
	有些减少	5.0	6.2	3.5	10.0	8.7
	减少很多	2.9	3.9	2.1	4.3	4.5
	没有变化	4.8	8.2	8.7	10.4	26.4
	总计	100	100	100	100	100

　　将受访者按年龄分为青年、中年和老年三档,对分档之后的各年龄段人群进行分析可见,青年受访者更倾向认为气候变化会引起灾害频率增加,因为青年选择"增加很多"的频率最高,五种现象中有四种占比最高的都是"增加很多",只有"5.饥荒和食物短缺"选择为"有些增加",而与之形成鲜明对比的是老年人群体,仅有两种现象其认为"增加很多"的比例最大,剩下三种现象则为"有些增加"。五种情况的卡方检验结果皆显著,表明此五种情况的认知与年龄有关(见表3-4)。

表3-4　不同年龄受访者对气候变化导致各现象发生变化的态度比较

单位:%

类别	项目	1. 干旱和水荒	2. 洪水	3. 疾病增多	4. 动植物种类灭绝	5. 饥荒和食物短缺
青年	增加很多	62.1	49.1	46.5	51.2	28.0
	有些增加	29.3	35.3	38.5	32.4	37.5
	有些减少	2.5	7.2	3.9	7.9	9.7
	减少很多	3.4	2.8	1.9	4.1	4.6
	没有变化	2.8	5.7	9.2	4.3	20.1
	合计	100	100	100	100	100
中年	增加很多	58.3	49.2	48.1	39.3	27.1
	有些增加	31.1	36.8	41.9	41.3	37.2
	有些减少	4.1	4.5	2.1	8.3	7.6
	减少很多	1.8	2.5	1.6	3.5	3.3
	没有变化	4.7	7.0	6.3	7.6	24.8
	合计	100	100	100	100	100
老年	增加很多	57.2	41.7	42.0	32.5	23.7
	有些增加	32.7	41.3	44.9	45.6	41.2
	有些减少	3.3	3.8	3.4	7.8	9.9
	减少很多	2.9	4.2	3.8	4.7	3.1
	没有变化	3.9	9.0	5.9	9.4	22.1
	合计	100	100	100	100	100

　　注:将年龄分为三档,分别为:青年——18~24岁、25~34岁;中年——35~44岁、45~54岁;老年——55~64岁、65岁及以上。后续题目年龄段的分类同此处。

按学历将人群分为三档，学历为高等教育的人群，更倾向认为气候变化会引起灾害频率增加，他们选择"增加很多"的频率最高，五种现象中有四种占比最高的都是"增加很多"，仅现象"5. 饥荒和食物短缺"他们中多数人认为会"有些增加"。初等教育人群虽然选择"增加很多"的频率与高等人群相同，但是在认为气候变化导致现象"5. 饥荒和食物短缺"这个问题上与高等教育人群，甚至其他人群显著不同，他们认为气候变化不会导致饥荒和食物短缺。中等教育人群的认知与整体人群相同。五种情况的卡方检验结果皆显著，表明此五种情况的认知与学历有关（见表3-5）。

表3-5 不同学历受访者对气候变化导致各现象发生变化的态度比较

单位：%

学历	项目	1. 干旱和水荒	2. 洪水	3. 疾病增多	4. 植物和动物种类灭绝	5. 饥荒和食物短缺
初等	增加很多	40.1	31.5	44.7	32.9	20.5
	有些增加	37.1	31.9	35.3	31.5	28.9
	有些减少	6.0	8.7	7.7	10.0	10.3
	减少很多	6.0	10.9	3.9	8.2	9.0
	没有变化	10.9	17.0	8.4	17.4	31.2
	合计	100	100	100	100	100
中等	增加很多	58.1	47.1	46.2	39.2	25.7
	有些增加	31.5	38.1	42.0	41.0	38.0
	有些减少	3.9	4.9	2.6	8.5	8.7
	减少很多	2.3	2.7	2.2	3.7	3.5
	没有变化	4.1	7.1	6.9	7.5	24.2
	合计	100	100	100	100	100
高等	增加很多	68.3	57.6	50.5	48.2	35.0
	有些增加	26.4	33.4	42.8	39.7	40.5
	有些减少	1.4	3.2	1.4	5.2	6.7
	减少很多	1.2	1.3	0.5	3.4	2.2
	没有变化	2.6	4.4	4.8	3.5	15.7
	合计	100	100	100	100	100

注：将学历分为三档，分别为：初等——小学及以下；中等——初中、高中、中专；高等——大专、大学本科、硕士及以上。后续题目学历的分档同此处。

5. 对气候变化引发的极端天气事件（干旱）的判断

在"如果在你所在的地区，发生了长达一年的严重干旱，对你的
1. 食品供应，2. 饮用水供应，3. 家庭收入，4. 家人身体健康，5. 住
房安全，6. 农作物生产（仅调查农村地区）有怎样的影响？"一题
中，受访者认为干旱会对（除"5. 住房安全"外）这些影响都很大，
而对于"5. 住房安全"，人们的担心程度轻于其他五种，多数人选择
"有一定影响"，占比最小的选项是"影响很大"（见表3-6）。

表3-6　发生干旱时受访者受到影响程度的主观认识

单位：%

类别	1. 食品供应	2. 饮用水供应	3. 家庭收入	4. 家人身体健康	5. 住房安全	6. 农作物生产
影响很大	53.0	54.4	43.0	42.0	19.6	74.4
有一定影响	30.7	25.2	33.3	39.7	29.3	17.8
影响不大	13.2	13.8	16.5	12.9	25.3	4.9
没有影响	3.2	6.6	7.1	5.4	25.8	2.9
合计	100	100	100	100	100	100

分性别来看，男性的担忧程度低于女性，女性的担忧与总体相同，
而男性在"1. 食品供应""2. 饮用水供应""4. 家人身体健康""5. 住
房安全"方面的担忧都弱于女性。除"3. 家庭收入"外，剩下五种情况
的卡方检验结果皆显著，表明此五种情况的认知与性别有关（见表3-7）。

表3-7　男女受访者对发生干旱的影响比较

单位：%

性别	影响程度	1. 食品供应	2. 饮用水供应	3. 家庭收入	4. 家人身体健康	5. 住房安全	6. 农作物生产
男	影响很大	50.1	52.5	43.8	39.8	18.1	75.6
	一定影响	31.9	24.6	31.7	39.9	27.3	16.3
	影响不大	14.4	15.8	17.1	14.6	27.7	5.6
	没有影响	3.5	7.1	7.4	5.8	27.0	2.5
	总计	100	100	100	100	100	100

性别	影响程度	1. 食品供应	2. 饮用水供应	3. 家庭收入	4. 家人身体健康	5. 住房安全	6. 农作物生产
女	影响很大	56.0	56.5	42.2	44.3	21.1	72.8
	一定影响	29.4	25.7	35.0	39.5	31.4	19.6
	影响不大	11.9	11.6	16.0	11.1	22.8	4.1
	没有影响	2.7	6.2	6.9	5.1	24.6	3.5
	总计	100	100	100	100	100	100

三 对气候变化应对的认知度

1. 关于人类应对气候变化信心的判断

对于"人类能够应对气候变化带来的挑战"，有47.5%的受访者同意这种说法，其次有22.6%的受访者比较同意。由此看来，绝大多数受访者对于应对气候问题有着一定的信心。

对于"人们如果不改变自己的行为，将很难应对气候变化带来的挑战"，有76.3%的受访者同意这种说法，其次有13.6%受访者比较同意，可见大部分受访者意识到了人类行为对于气候问题的重要性。

对于"单个人的行为能对解决气候变化问题发生作用"，有44.8%的受访者同意这种说法，其次有16.2%的受访者比较同意。尽管有接近半数的受访者认为单个人的行为能够对解决气候变化问题发生作用，但认为单个人的行为无助于气候问题解决的受访者也达到了38%，也处于较高的水平。

对于"政府部门应该高度重视气候变化问题"，有88.2%的受访者同意这种说法，其次有9.9%的受访者比较同意，绝大多数受访者认为气候变化问题应该受到政府部门的高度重视（见图3-26）。

结合人口统计学特征进行具体分析，受访者对应对气候变化的判断有以下几个特点：

一是男性受访者更加倾向于同意"人类能够应对气候变化带来的挑战"（见表3-8）。

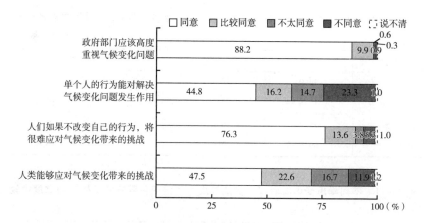

图 3 - 26 受访者对气候应对的认知

表 3 - 8 男女受访者对"人类能够应对气候变化带来的挑战"的态度比较

单位：%

性别	同意	比较同意	不太同意	不同意
男	55.4	19.0	13.7	11.9
女	51.9	21.8	16.4	10.0

二是农村受访者同意"人类能够应对气候变化带来的挑战"的比例略高于城市（见表 3 - 9）；

表 3 - 9 城市农村受访者对"人类能够应对气候变化带来的挑战"的态度比较

单位：%

居住地	同意	比较同意	不太同意	不同意
城市	52.4	21.8	14.8	11.0
农村	55.6	18.1	15.4	10.8

三是年龄越大的受访者越倾向于同意"人类能够应对气候变化带来的挑战"（见表 3 - 10）；

四是高学历的受访者同意"人类能够应对气候变化带来的挑战"的比例相对较低（见表 3 - 11）；

表 3 - 10　不同年龄段受访者对"人类能够应对气候变化带来的挑战"的态度比较

单位：%

年龄	同意	比较同意	不太同意	不同意
18 ~ 24 岁	39.0	28.1	18.7	14.3
25 ~ 34 岁	47.5	23.0	17.5	12.0
35 ~ 54 岁	55.3	19.6	15.0	9.4
55 岁及以上	69.5	12.3	7.7	10.5

表 3 - 11　不同学历受访者对"人类能够应对气候变化带来的挑战"的态度比较

单位：%

学历	同意	比较同意	不太同意	不同意
初中及以下	56.8	17.7	13.2	12.3
高中	52.2	21.6	16.2	10.0
中专	60.5	17.1	11.3	11.0
大专	46.2	23.1	18.4	12.3
大学本科及以上	38.4	29.5	21.4	10.7

五是收入较低的受访者更加同意"人类能够应对气候变化带来的挑战"（见表 3 - 12）。

表 3 - 12　不同收入受访者对"人类能够应对气候变化带来的挑战"的态度比较

单位：%

收入	同意	比较同意	不太同意	不同意
低档	56.8	19.3	13.4	10.5
较低档	54.3	20.1	14.5	11.1
中档	48.4	17.4	21.4	12.8
较高档	50.2	23.1	13.7	13.0
高档	41.0	23.1	21.6	14.2

2. 关于应对气候变化愿付成本的判断

受访者中，87.0% 的受访者愿意为购买环保产品花更多的钱，其中约有 26.6% 的受访者愿意多支付一成的成本购买环保产品，所占比例

最大；其次是多支付二成的成本，约为 26.2%；而多支付三成、三成
以上的受访者分别为 17.2%、17.0%；不愿多支付成本购买环保产品的
受访者所占比例为 13.0%。由此可见，有 87.0% 的受访者愿意为购买环
保产品多支付成本，较被接受的多支付成本为一成到三成之间，这一区
间受访者约占所有愿意支付更多成本受访者的 70.0%（见图 3 - 27）。

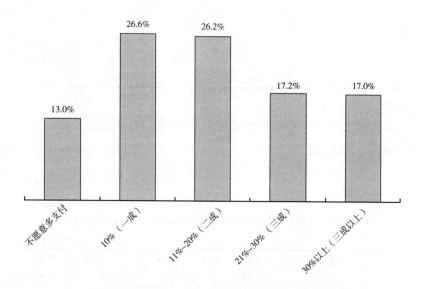

图 3 - 27　受访者愿意为购买环保产品多支付的比例

相较于女性受访者，男性受访者更愿意为环保产品花更多的钱，其
中多支付三成（14.4%）和三成以上（20.8%）的比例较高，而女性
受访者多支付一成（28.2%）和两成（27.3%）的比例较高（见表
3 - 13）。

表 3 - 13　男女受访者愿意为购买环保产品多支付的比例

单位：%

性别	不愿意多支付	10% （一成）	11%～20% （二成）	21%～30% （三成）	30%以上 （三成以上）
男	14.8	24.2	25.9	14.4	20.8
女	19.2	28.2	27.3	11.7	13.6

城市受访者与农村受访者相比，更愿意支付更多的钱，其多支付二成的比例最高，为28.8%，而农村受访者多支付一成的比例较高，为26.1%（见表3－14）。

表3－14　城市农村受访者愿意为购买环保产品多支付的比例

单位：%

居住地	不愿意多支付	10%（一成）	11%～20%（二成）	21%～30%（三成）	30%以上（三成以上）
城市	14.8	26.3	28.8	13.5	16.5
农村	20.2	26.1	23.1	12.4	18.2

年龄越大的受访者越不愿意花更多的钱。55岁及以上受访者多支付一成的比例较高，为28.1%，而其余年龄段受访者均是多支付二成的比例较高（见表3－15）。

表3－15　不同年龄段受访者愿意为购买环保产品多支付的价格

单位：%

年龄	不愿意多支付	10%（一成）	11%～20%（二成）	21%～30%（三成）	30%以上（三成以上）
18～24岁	13.2	24.4	27.2	14.5	20.6
25～34岁	13.8	26.8	28.9	15.3	15.1
35～54岁	16.7	25.8	27.5	13.5	16.5
55岁及以上	24.0	28.1	21.4	8.3	18.2

受访者学历越低，越不愿意为环保产品花更多的钱。初中及以下的受访者愿意多支付一成的比例较高，为28.5%，而其他学历均是愿意多支付二成的比例较高，大学本科及以上的受访者愿意多支付二成的比例达到了34.0%（见表3－16）。

高收入水平的受访者，愿意为环保产品花更多的钱。低档收入的受访者愿意多支付一成的比例最高，较低档、中档、较高档收入的受访者愿意多支付二成的比例最高，高档收入的受访者愿意多支付三成以上的比例最高（见表3－17）。

表 3 – 16　不同学历受访者愿意为购买环保产品多支付的比例

单位：%

学历	不愿意多支付	10% （一成）	11%~20% （二成）	21%~30% （三成）	30%以上 （三成以上）
初中及以下	24.3	28.5	22.5	10.2	14.5
高中	14.4	24.9	27.8	14.3	18.6
中专	18.0	26.0	26.1	11.6	18.3
大专	10.3	27.2	30.4	16.8	15.2
大学本科及以上	7.8	24.4	34.0	16.2	17.6

表 3 – 17　不同收入受访者愿意为购买环保产品多支付的比例

单位：%

收入水平	不愿意多支付	10% （一成）	11%~20% （二成）	21%~30% （三成）	30%以上 （三成以上）
低档	22.3	29.2	23.0	11.2	14.4
较低档	14.7	25.3	28.1	14.8	17.2
中档	11.1	25.7	33.1	11.4	18.6
较高档	9.3	22.1	29.5	15.3	23.7
高档	6.9	17.7	20.8	22.3	32.3

3. 关于应对气候变化的作用主体判断

当问及对于气候问题起主要作用的机构，68.1%的受访者认为是政府；其次是公众，约为15.9%；媒体、企业/商业机构、非政府组织均不超过10%。

对于气候问题起次要作用的机构，选择媒体、公众的受访者占前两位，分别为28.0%、25.5%（见图3–28）。

将主要作用和次要作用视为多选题进行处理，分析结果显示：有88.9%的受访者选择政府作为气候问题的责任机构；其次是公众、媒体、企业/商业机构和非政府组织（见图3–29）。

由此可见，在受访者看来，在解决气候变化问题上，政府最应该发挥主要作用。

结合人口统计学特征进行具体分析，男性受访者相对于女性受访

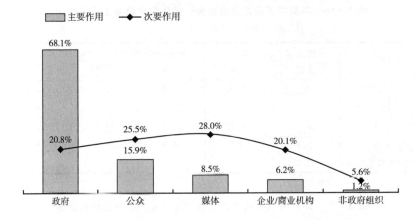

图 3 – 28   对气候问题起主要作用和次要作用的机构

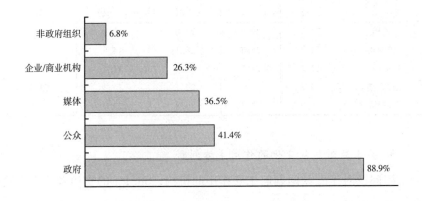

图 3 – 29   对气候问题负主要责任的机构（合计）

者，更加倾向于选择政府，其选择政府的比例约为 70.9%（见表 3 – 18）。

表 3 – 18   男女受访者认为对气候问题起作用的机构比较

单位：%

性别 \ 机构	政府	非政府组织	企业/商业机构	公众	媒体
男	70.9	0.9	5.5	14.8	7.8
女	65.3	1.5	6.9	17.0	9.3

年龄越大的受访者越倾向于选择政府。18～24 岁受访者选择政府的比例为 50.4%，而 55 岁及以上受访者选择政府的比例为 77.3%，呈现出递增的趋势（见表 3－19）。

表 3－19 不同年龄段受访者认为对气候问题起作用的机构比较

单位：%

机构 年龄	政府	非政府组织	企业/商业机构	公众	媒体
18～24 岁	50.4	2.3	10.5	28.7	8.1
25～34 岁	62.2	1.4	9.3	17.6	9.6
35～54 岁	74.1	0.9	4.8	12.7	7.6
55 岁及以上	77.3	0.8	2.2	9.6	10.1

收入越低的受访者更加倾向于选择政府，受访者选择政府的比例与收入水平成反比。低档和较低档收入的受访者选择政府的比例分别为 69.4%、70.5%，而高档收入的受访者选择政府的比例为 62.4%（见表 3－20）。

表 3－20 不同收入受访者认为对气候问题起作用的机构比较

单位：%

机构 收入水平	政府	非政府组织	企业/商业机构	公众	媒体
低档	69.4	1.6	5.4	14.5	9.2
较低档	70.5	0.7	6.2	14.2	8.3
中档	67.3	0.6	6.8	17.5	7.9
较高档	65.7	1.3	8.0	17.7	7.3
高档	62.4	2.3	12.0	14.3	9.0

四 对气候变化政策的支持度

1. 对政府采取措施的认同度比较

在问及政府如果采取下列措施，受访者是否认同的问题时，受访者普遍对政府采取各项措施持赞同的态度，有较大比例的受访者持强烈赞同的态度，即使可能会增加受访者的部分生活成本。

其中，受访者"强烈赞同"比例最高的（54.4%）是政府"制定强制性垃圾分类和回收标准，即使会增加成本"，而"强烈赞同"比例最低的（26.1%）则是"要求消费者购买可再生的产品，即使消费者要花更多的钱"（见表3-21）。

表3-21　受访者对政府采取各项措施的认同度比较

单位：%

政府如果采取下列措施,您是否认同	强烈反对	有些反对	有些赞同	强烈赞同
要求企业符合更高的环境标准,即使可能增加产品成本	2.9	8.1	42.9	44.8
要求新生产的汽车更加节能环保,即使可能增加汽车成本	2.3	6.2	39.1	51.1
使用绿色建筑材料和设计技术,即使可能增加建筑成本	2.5	5.6	43.7	46.6
要求消费者购买可再生的产品,即使消费者要花更多的钱	7.0	16.6	48.3	26.1
制定强制性垃圾分类和回收标准,即使会增加成本	2.3	4.9	37.5	54.4
要求农民使用有机肥料,即使我们购买食品要花更多的钱	4.4	9.9	41.1	43.2

2. 城市对政府采取措施的认同度高于农村

为了较为清晰地比较城市和农村地区对政府采取措施的认同情况是否相同，除去调查数据中的"拒绝回答"和"说不清"，将"强烈反对""有些反对""有些赞同"和"强烈赞同"分别赋值为1—4。分别计算各个题目，将城市和农村受访者的得分进行方差分析，可以看出，城市和农村的认同度有统计上的显著性差异，城市受访者对政府采取措施的认同得分高于农村。可见，城市受访者对政府采取措施的认同度高于农村（见图3-30）。

3. 男性对政府采取措施的认同度高于女性

分别计算各个题目，对男性和女性受访者的得分进行方差分析，可

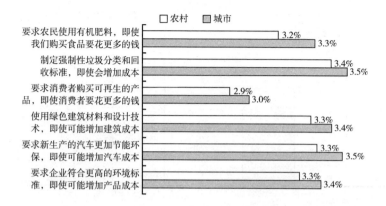

图 3 – 30　不同地区受访者对政府采取各项措施的认同度比较

以看出，男性和女性的认同度有统计上的显著性差异，男性受访者对政府采取措施的认同得分高于女性。可见，男性受访者对政府采取措施的认同度高于女性（见图 3 – 31）。

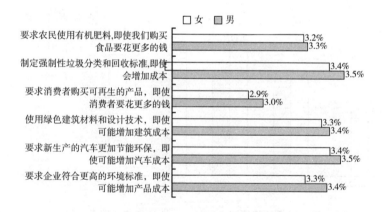

图 3 – 31　男女受访者对政府采取各项措施的认同度比较

4. 城市男性对政府采取措施的认同度最高

将各项措施的得分求平均，对地区和性别对政府采取措施的认同度进行分析，可以看出，城市男性对政府采取措施的认同度最高，其次是城市女性，再次是农村男性，最后是农村女性（见图 3 – 32）。（备注：经过四舍五入处理）

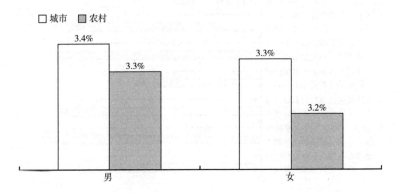

图 3 - 32　不同地区男女受访者对政府采取各项措施的认同度比较

5. 随着受访者年龄的增加，对政府采取措施的认同度有增加的趋势（见图 3 - 33）

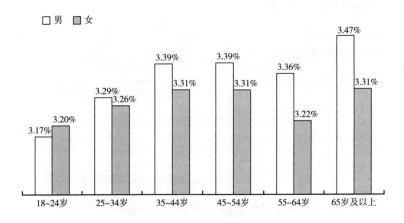

图 3 - 33　不同年龄受访者对政府采取措施的认同度比较

6. 城市受访者中，行政机关人员对政府采取措施的认同度最高（见图 3 - 34）

五　应对气候变化措施的执行度

1. 受访者的实施频率普遍较高

分析不同的应对气候变化措施的实施频率，可以看出，受访者的实

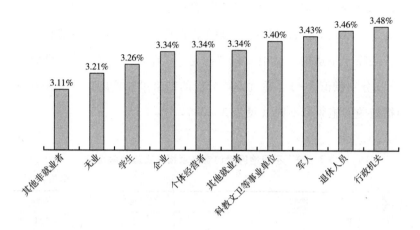

图 3-34　不同职业受访者对政府采取措施的认同度比较

施频率普遍较高。其中，"不用电子产品时随手关机"这一项"总是"实施的比例为 37.1%，而"不用照明时随手关灯""经常"实施的比例为最高（50.5%），但是，"实施垃圾分类"的频率较低，选择"总是"的比例只有 12.1%，选择"经常"的比例也只有 21.8%，两者相加只占约三分之一（见表 3-22）。

表 3-22　受访者各项措施实施频率比较

单位：%

实施频率	总是	经常	有时	很少
不用照明时随手关灯	33.1	50.5	10.2	3.6
不用电子产品(如电视和电脑等)时随手关机	37.1	42.2	12.7	5.6
对物品进行重新利用,而不是购买新物品	19.4	34.2	30.2	11.6
使用环保购物袋而不是塑料袋	18.2	29.5	27.5	16.1
减少使用一次性纸杯或餐具	29.6	31.9	20.5	12.2
尽量少使用空调	18.3	26.4	16.5	11.1
尽可能节约生活用水(如洗衣、洗脸、漱口时)	31.6	48.1	12.8	5.3
购买本地食物	22.9	49.4	16.0	8.8
实施垃圾分类	12.1	21.8	18.7	17.0
出行尽量步行、骑自行车或搭乘公共交通工具	30.1	39.4	16.5	11.2

2. **城市受访者措施实施频率普遍高于农村**

为了比较城市和农村措施实施频率的差异，对各项措施进行了方差分析，去除"不适用"选项，将"总是""经常""有时""很少"和"从未"分别赋值5—1。通过方差分析的结果可以看出，城市和农村的各项措施的实施频率不同（见表3-23）。

表3-23 不同地区受访者各项措施实施频率比较

单位：%

措施	城市	农村
不用照明时随手关灯	3.2	3.1
不用电子产品（如电视和电脑等）时随手关机	3.1	3.0
对物品进行重新利用，而不是购买新物品	2.5	2.5
使用环保购物袋而不是塑料袋	2.5	2.3
减少使用一次性纸杯或餐具	2.8	2.6
尽量少使用空调	2.6	2.6
尽可能节约生活用水（如洗衣、洗脸、漱口时）	3.1	2.9
购买本地食物	2.9	2.8
实施垃圾分类	1.9	1.9
出行尽量步行、骑自行车或搭乘公共交通工具	2.9	2.7

3. **女性措施实施频率普遍高于男性**

为了比较不同性别的环保措施实施频率的差异，对各项措施进行了方差分析，去除"不适用"选项，将"总是""经常""有时""很少"和"从未"分别赋值5—1。通过方差分析的结果可以看出，男性和女性各项措施的实施频率显著不同。除"实施垃圾分类"外，女性受访者其他措施的实施频率均高于男性（见图3-35）。

4. **城市女性的措施实施频率最高**

对地区因素和性别因素的环保措施实施频率进行分析，将各项低碳环保措施实施频率得分求平均。城市女性受访者的实施频率最高，其次是城市男性，再次是农村女性，最后是农村男性（见图3-36）。（经过四舍五入处理）

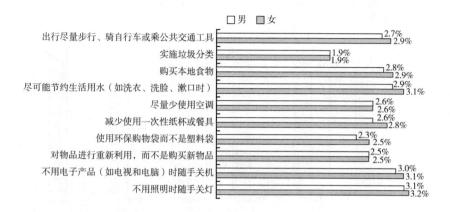

图 3 – 35　男女受访者各项措施实施频率比较

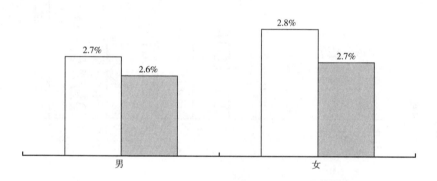

图 3 – 36　不同地区男女受访者措施实施频率比较

5. 随着受访者年龄的增加，措施实施频率增高

对受访者的年龄和措施实施频率进行方差分析，可见，年龄对措施实施频率有显著作用。随着受访者年龄的增加，措施实施频率逐渐增加（见图 3 – 37）。

6. 城市受访者中，退休人员的措施实施频率最高

在城市样本中，对受访者的职业和措施实施频率进行方差分析，可以看出，不同职业的受访者的措施实施频率有显著不同，其中，退休人员的措施实施频率最高，学生的措施实施频率最低（见图 3 – 38）。

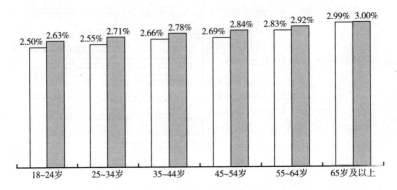

图 3 - 37　不同年龄段受访者措施实施频率比较

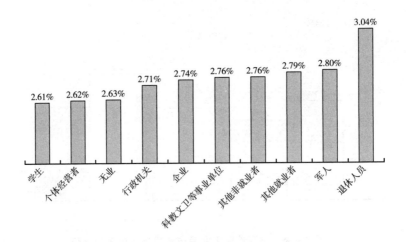

图 3 - 38　不同职业受访者措施实施频率比较

六　对气候传播效果的评价

1. 获取气候变化信息的渠道

绝大多数受访者都能够从各种渠道获取气候变化信息，其中的主流渠道依次为电视（93.8%）、手机（66.1%）、网络（65.0%）三大媒介，都超过了 60%；亲朋好友也是较广泛的一种信息获取渠道，占50% 以上；报纸、流动媒体、广播、杂志等传统媒体也具有一定的宣传效果，但远不及现代媒体的覆盖面广泛；少数受访者能通过阅读课本、学校教育或自身感觉获悉气候的变化（见图3-39）。

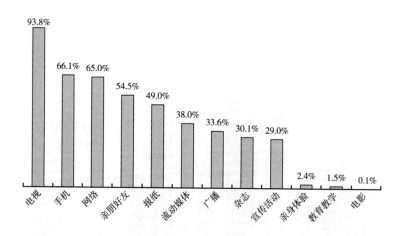

图3-39　受访者信息获取渠道比较

城市受访者渠道多于农村，城市受访者平均接触渠道个数为4.9个，高于农村0.7个。除电视外，城市各渠道的覆盖率均高于农村，在网络、报纸、杂志等方面尤为突出（见图3-40）。

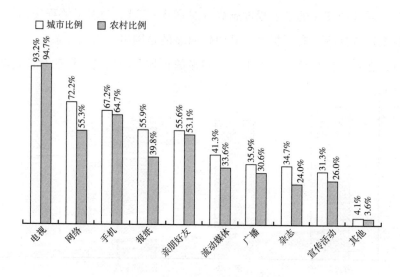

图3-40　城市和农村受访者信息获取渠道比较

由趋势图结合检验结果，比较显著地体现出年龄规律的信息渠道有报纸、电视、网络和手机。其中，选择报纸和电视渠道的比例随年龄增加而上升，其余二者则呈相反趋势（见图3－41）。

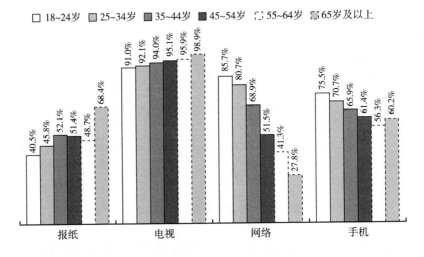

图3－41 不同年龄受访者信息获取渠道比较

从对气候变化的了解程度看：受访者获取气候变化信息的渠道越多，对气候变化的了解程度越高（见图3－42）。随着了解程度的提高，各渠道选择率都有所提高，其中较明显的是网络、报纸、杂志、流动媒体，在每一阶层的受访者中都有明显的较均匀的提高。说明目前这些渠

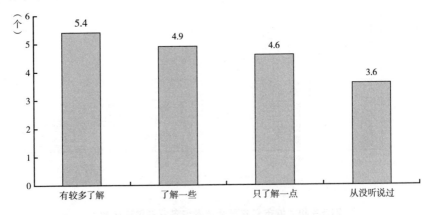

图3－42 受访者对气候变化了解程度与信息渠道数量的比较

道对受访者了解程度的增加作用相对较大，也较平均。手机和亲朋好友
的渠道对低了解程度的受访者（从"从没听说过"到"只了解一点"）
提升效果比较明显，广播对高了解程度的受访者（从"了解一些"到
"有较多了解"）提升效果比较明显（见表3－24）。

表3－24　受访者对气候变化了解程度与信息渠道的比较

单位：%

对气候变化的 了解程度	报纸	广播	电视	杂志	网络	手机	流动 媒体	宣传 活动	亲朋 好友
有较多了解	64.6	55.3	91.5	40.2	81.2	69.5	49.8	35.9	53.7
了解一些	55.0	35.3	95.5	35.7	68.9	68.4	39.9	32.8	58.7
只了解一点	47.2	31.7	95.0	28.9	65.3	66.9	38.9	27.9	54.9
从没听说过	34.1	25.6	86.1	17.4	45.6	54.3	23.8	20.8	42.6

　　受访者获取气候变化信息的渠道越多，对气候变化的担心程度越高
（见图3－43）。随着担心程度的提高，各渠道中选率都有所提高，其中
较明显的是亲朋好友、宣传活动、流动媒体渠道，在每一阶层的受访者
中都有明显的较均匀的提高。说明这几种渠道更加贴近受访者的生活，
会加深其切身感受，逐渐增加其对气候变化的担心程度。手机、网络、
电视渠道对低担心程度的受访者（从"完全不担心"到"不太担心"）
提升效果比较明显（见表3－25）。

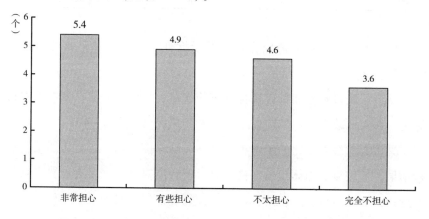

图3－43　受访者对气候变化担心程度与信息渠道数量的比较

表 3 – 25 　受访者对气候变化担心程度与信息渠道的比较

单位：%

对气候变化的 了解程度	报纸	广播	电视	杂志	网络	手机	流动 媒体	宣传 活动	亲朋 好友
非常担心	54.0	38.5	95.0	34.2	62.7	65.9	40.8	33.4	59.9
有些担心	50.4	34.1	95.2	30.7	68.0	68.0	39.8	30.3	54.6
不太担心	41.7	28.4	92.2	25.8	65.4	65.4	34.9	23.9	50.9
完全不担心	38.0	25.0	84.8	22.1	54.4	54.4	23.8	16.9	44.7

2. 对不同信息源的信任度

针对题目"对于下面的机构或人群发布的关于气候变化的信息，您是非常相信、比较相信、不太相信还是不相信？（从 1 到 4：1 代表不相信，2 代表不太相信，3 代表比较相信，4 代表非常相信）"，统计结果见表 3 – 26。信任度排序：科研机构 > 政府 > 新闻媒体 > 家人和朋友 > 非政府组织 > 企业。即受访者最为相信科研机构和政府发布的信息，新闻媒体以及家人和朋友这两种途径次之，不太相信非政府组织和企业。

表 3 – 26 　信息来源信任度比较

信息发布来源	均值	标准差	信息发布来源	均值	标准差
政府	3.2	0.7	新闻媒体	3.0	0.7
非政府组织	2.2	0.9	家人和朋友	2.7	0.8
科研机构	3.3	0.7	企业	2.2	0.8

男性对各种渠道的信任度普遍低于女性，特别是对企业的信任度（见图 3 – 44）。

城市居民对政府和科研机构发布的气候变化信息的信任度低于农村居民，而对非政府组织的信任度高于农村居民（见图 3 – 45）。

受访者对气候变化的了解程度越高，信任度越高。由趋势图结合检验结果，比较显著地体现出气候变化了解程度对信任程度有趋势影响的渠道是：非政府组织、科研机构、新闻媒体。对这三种渠道的信任程度随受访者对气候变化的了解程度的提高而提高（见图 3 – 46）。

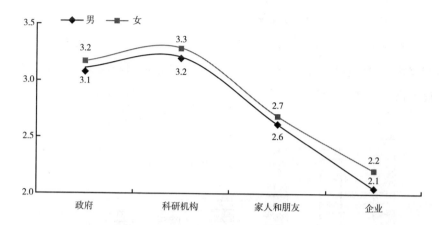

图 3 – 44 男女信息来源信任度比较

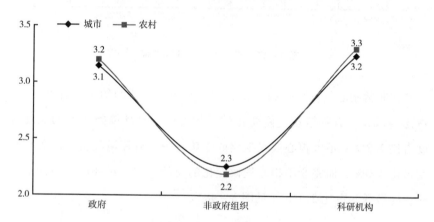

图 3 – 45 城市和农村信息来源信任度比较

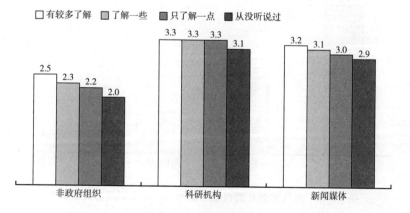

图 3 – 46 对气候变化了解程度与信息来源信任度比较

3. 对不同新闻内容的关注度

整体来看，受访者最关注的新闻中，社会新闻占比最高，为29.3%，而环境新闻仅占9.2%。表明受访者普遍对环境新闻的关注程度不高（见图3-47）。

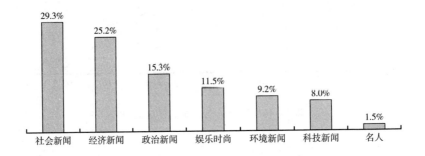

图3-47 受访者最关注的新闻

在非常担心气候变化的受访者中，对环境类新闻的关注程度最高，占比14.2%；有些担心气候变化的受访者中，对环境类新闻的关注程度占比7.3%；不太担心气候变化的受访者中，对环境类新闻的关注程度占比4.0%；而完全不担心气候变化的受访者中，对环境类新闻的关注程度最低，占比2.1%（见图3-48）。

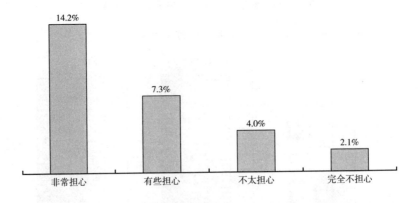

图3-48 对气候变化的担心程度与对环境类新闻的关注程度

附录一 样本分布

（1）性别

性 别	频 数	百分比（%）
男	2406	57.7
女	1763	42.3
总计	4169	100.0

加权后：

性 别	频 数	百分比（%）
男	499721230	50.8
女	483752180	49.2
总计	983473410	100.0

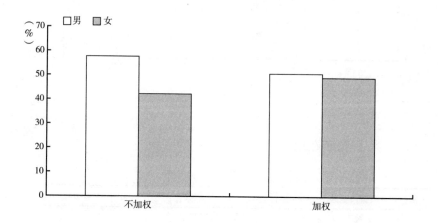

图 3 - 49

（2）过去一年居住地

居住地	频 数	百分比（%）
城市	2678	64.4
农村	1480	35.6
总计	4158	100.0

加权后：

居住地	频 数	百分比（%）
城市	595469483	60.7
农村	385260927	39.3
总计	980730410	100.0

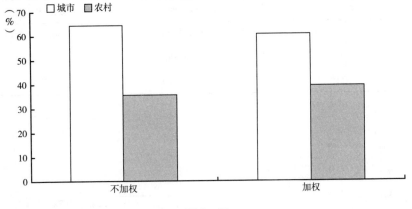

图 3 - 50

（3）户籍所在地

户籍所在地	频 数	百分比（%）
城市	1898	45.6
农村	2263	54.4
总计	4161	100.0

加权后：

户籍所在地	频　　数	百分比（%）
城市	444093372	45.2
农村	538798942	54.8
总计	982892314	100.0

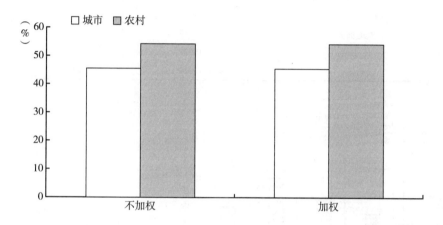

图 3－51

（4）年龄

年龄	频　　数	百分比（%）
18～24 岁	1113	26.7
25～34 岁	1244	29.8
35～44 岁	857	20.6
45～54 岁	549	13.2
55～64 岁	297	7.1
65 岁及以上	101	2.4
拒绝回答	4	0.1
不清楚	4	0.1
总计	4169	100.0

加权后：

年龄	频 数	百分比（%）
18～24 岁	169421209	17.2
25～34 岁	197754675	20.1
35～44 岁	242694545	24.7
45～54 岁	183838419	18.7
55～64 岁	139979756	14.2
65 岁及以上	47978767	4.9
拒绝回答	1057452	0.1
不清楚	748587	0.1
总计	983473410	100.0

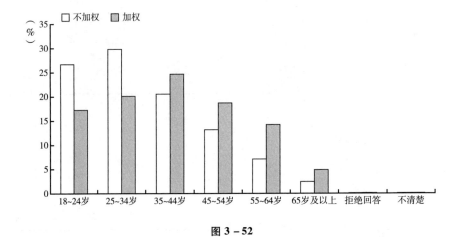

图 3－52

（5）学历

学历	频 数	百分比（%）
小学及以下	316	7.6
初中	960	23.0
高中	982	23.6
中专	340	8.2
大专	693	16.6

学历	频　数	百分比（%）
大学本科	811	19.5
硕士及以上	67	1.6
总计	4169	100.0

加权后：

学历	频　数	百分比（%）
小学及以下	34184911	3.5
初中	226887791	23.1
高中	448868590	45.6
中专	158240075	16.1
大专	66719659	6.8
大学本科	44458733	4.5
硕士及以上	4113651	0.4
总计	983473410	100.0

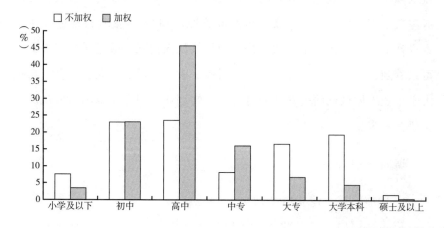

图 3 - 53

第二节 2017年中国公众气候认知数据

本次调研由中国气候传播项目中心主持设计并统筹协调，于 2017 年完成。调研数据收集和统计工作委托中国传媒大学调查统计研究所完成。应对气候变化离不开公众参与，及时了解公众对气候变化定义、影响和相关政策的认知和态度，可以帮助政策制定者更理性地制定相关政策，为企业、非政府组织、科研机构等利益相关方设计开展相关工作提供数据依据。

公众认知度调研是国际社会普遍采取的了解公众认知水平的方法。耶鲁大学气候传播项目和乔治·梅森大学气候传播中心在美国已经进行了十余年这方面的认知调研，并于 2008 年提出了"六类美国人"理论，即基于调研将美国人对全球变暖的认知分成六大类，从而对美国公众气候变化的认知进行了细分研究。美国皮尤中心、盖洛普调查公司、英国广播公司、尼尔森等也曾在包括中国在内的不同国家开展过公众气候认知调研。纵观这些现有的公众气候认知调研可以发现，虽然有的调研覆盖中国，但大多只涉及中国的部分城市和/或少量农村地区，在样本设计上并不能体现中国城乡公众的整体认知情况。通过回顾国内文献可以看到，国内学者也分别对城市居民、农村居民、企业管理者、在校大学生及不同区域的公众开展过公众认知调研，但全国范围的公众认知调研并不多见。

调研方法

1. 调研对象：18～70 岁居民

2. 调研时间：2017 年 8～10 月

3. 调研范围：中国境内（港、澳、台除外）

4. 调研方法：鉴于中国内地的移动电话和固定电话普及率较高，调查主要采用计算机辅助电话调查（CATI）方式完成，按照移动电话

84.6%、固定电话 15.4% 的比例进行抽样调查。

5. 样本数量：本项调查中 CATI 的样本量为 4025[①] 人。

6. 抽样方案：按照中国境内（港、澳、台除外）332 个地级行政单位[②]（包括 291 个地级市、30 个自治州、8 个地区、3 个盟）和 4 个直辖市将总人口分为 336 个层，根据"人口"比例在各层内分配样本单位数量，进行按比例抽样。此外，在抽样时按照年龄、性别、城乡、固定电话和移动电话拥有量比例进行配额以保证样本代表性。在抽取居民移动电话和固定电话号码进行电话访问时采用尾号随机方法，固定电话号码在受访者选择的环节采取不加选择法。

报告概要

A. 对气候变化问题的认知度

A1. 在 4025 个受访者中，当听到"气候变化"的时候，有 2834 位受访者给出了第一反应的词汇或短语。其中数量位列第一的词是"热"，共出现 225 次；第二是"雾霾"，共出现 179 次；第三是"全球变暖"，共出现 170 次。

A2. 回答 A1 题的 2834 位受访者对其听到"气候变化"时给出的第一反应的词汇或短语进行了评价。80.4% 的受访者认为他们第一反应的词汇或短语是负面的。

A3. 92.7% 的受访者表示了解气候变化。其中 57.2% 的受访者认为自己"只了解一点"，认为自己"了解一些"的受访者占比 31.5%，认为自己"了解很多"的占比 4.0%，还有 7.1% 的受访者表示"从没听说过"。

A4. 94.4% 的受访者认为气候变化正在发生，仅有 5.3% 的受访者

[①] 样本量在报告正文和图表中将用"n"来表示。

[②] 我国共有 334 个地级行政单位（包括 293 个地级市、30 个自治州、8 个地区、3 个盟），由于"三沙市""儋州市"数据缺失，纳入抽样统计的只有 332 个地级行政单位（包括 291 个地级市、30 个自治州、8 个地区、3 个盟）。

认为气候变化没有发生。

A5. 66.0%的受访者认为气候变化"主要由人类活动引起"，11.1%的受访者认为气候变化"主要由环境自发变化引起"，19.3%的受访者认为两方面的原因都有，还有1.7%的受访者认为"根本没有发生气候变化"。

A6. 79.8%的受访者对气候变化表示担心，其中16.3%的受访者"非常担心"气候变化，63.5%的受访者对气候变化"有些担心"，对气候变化"不太担心"或"完全不担心"的受访者分别占比16.2%和3.9%。

B. 对气候变化影响的认知度

B1. 75.2%的受访者认为其经历过气候变化，24.6%的受访者认为没有经历过气候变化。

B2. 在"动植物物种、子孙后代、本国公众、自己与家人"四个方面，受访者普遍认为气候变化对"子孙后代"和"动植物物种"的影响最大，而对"本国公众"和"自己与家人"的影响依次递减。

B3. 未来二十年，如果中国不采取措施应对气候变化，95.1%的受访者认为气候变化会导致空气污染现象增多，其次依次是疾病（91.3%）、干旱（89.8%）、洪水（88.2%）、冰川消融（88.0%）、动植物种类灭绝（83.4%）、饥荒和食物短缺（73.4%）。

B4. 在"您最担心哪类气候变化影响？"的题目中，33.4%的受访者选择"空气污染加剧"，29.0%的受访者选择"疾病增多"，其次是干旱、洪水和冰川消融，占比分别为10.9%、8.6%和6.8%。

B5. 七成以上的受访者认为气候变化与空气污染相互影响、有协同性（72.6%）；此外，14.3%的受访者认为气候变化导致空气污染，还有12.8%的受访者认为空气污染导致气候变化。

C. 对气候变化应对的认知度

C1. 在气候变化应对策略认知上，大多数受访者认为应对气候变化减缓更重要（47.8%），还有45.3%的受访者认为减缓和适应一样重要，6.7%的受访者认为适应更重要。

C2. 在"政府、环保公益组织、企业/商业机构、公众（你我他）、媒体"五大行为体中，"政府"被认为在气候应对中应该发挥相对更多的作用，其次是"媒体"和"环保公益组织"。

C3. 关于中央政府应该关注的"空气污染、水污染、气候变化、生态保护、经济发展、教育、反恐、健康"8个问题中，超过70%的受访者认为中央政府应该对这些问题都予以高度关注。平均来看，所有问题中空气污染问题被认为是最重要的，其次依次是水污染、生态保护问题、健康问题以及气候变化问题。

C4. 在C3中具有非常高关注度的问题中，24.3%的受访者认为空气污染问题最重要，其次是生态保护问题（18.0%）和健康问题（17.2%）；有8.8%的受访者认为气候变化问题最重要，高于经济发展和反恐。

D. 对气候变化政策的认知度

D1. 96.3%的受访者支持中国于2015年年底加入《巴黎协定》的决定，其中，59.3%的受访者持"非常支持"的态度。

D2. 94.0%的受访者支持中国继续留在《巴黎协定》落实承诺，其中，持"非常支持"态度的受访者占52.5%。

D3. 96.8%的受访者支持中国政府努力开展应对气候变化国际合作，其中54.7%的受访者对此"非常支持"。

D4. 96.9%的受访者支持政府实施温室气体控排政策，其中有64.5%的受访者表示"非常支持"。

D5. 政府采取的各项减缓措施受到九成受访者支持，其中持"非常支持"态度比例最高的是政府"引导适度消费，鼓励使用节能低碳产品，遏制铺张浪费"的措施。

D6. 政府采取的各项适应措施受到九成以上受访者支持，其中持"非常支持"态度比例最高的是"制定气候变化影响人群健康应急预案"的措施，占66.4%。

D7. 98.7%的受访者支持学校开展气候变化相关教育。

E. 应对气候变化行动的执行度

E1. 73.7%的受访者愿意为购买气候友好型产品花费更多的钱。其中有27.6%的受访者最多愿意多支付一成的价格，所占比例最大；25.1%的受访者愿意多支付二成的价格；而愿意多支付三成、三成以上价格的受访者分别为12.9%、8.1%。

E2. 近三分之一的受访者愿意为自己产生的碳排放全价埋单（27.5%）。

E3. 近半数受访者曾使用过共享单车（46.7%）。

E4. 超九成的受访者支持共享单车这种出行方式（92.6%）。

E5. 超半数的受访者表示听说过太阳能板发的电除了自用还可以卖给国家电网（55.6%）。

F. 气候传播效力效果评价

F1. 绝大多数受访者能够从各种渠道获取气候变化信息，最主要的获取信息的渠道依次为电视（83.6%）、手机微信（79.4%）、朋友和家人（68.1%）。超过三成受访者每周通过手机获取气候信息。

F2. 受访者对气候相关信息的了解期望普遍较强，均高于90%。其中，希望多了解"气候变化影响和危害"信息的受访者最多（94.0%）。

F3. 中央政府是受访者最信任的信息源，其次是企业。

F4. 受访者最关心社会新闻（30.0%），最关心"环境新闻（如空气质量、水污染等）"的受访者占12.3%。

F5. 97.7%的受访者表示愿意和周围朋友、家人分享气候变化的相关信息。

报告正文

A. 对气候变化问题的认知度

A1. 当您听到"气候变化"的时候，您的第一反应是什么？

在 4025 位受访者中，当听到"气候变化"的时候，有 2834 位受访者给出了第一反应的词汇或短语。其中数量位列第一的词是"热"，共出现 225 次；第二是"雾霾"，共出现 179 次；第三是"全球变暖"，共出现 170 次。

A2. 80.4% 的受访者对"气候变化"的第一反应是负面的

有效回答中，80.4% 的受访者认为他们第一反应的词汇或短语是负面的，其中 29.5% 的受访者认为他们第一反应的词汇或短语是"−3 非常不好"，26.8% 的受访者打分为"−2"，24.1% 的受访者打分为"−1"。19.5% 的受访者认为他们在听到"气候变化"时第一反应的词汇或短语是正面的。可见，气候变化在受访者心中的普遍印象是负面的（见图 3−54）。

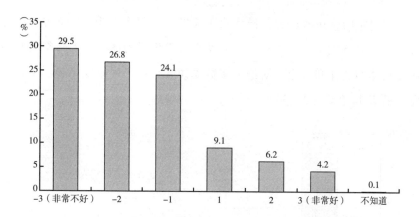

图 3−54　80.4% 的公众对"气候变化"的第一反应是负面的

A2. 请您对 A1 题提到的词汇或短语，从 −3（非常不好）到 3（非常好）来打分
（n = 2834）

A3. 92.7% 的受访者表示了解气候变化

92.7% 的受访者表示了解气候变化，其中 57.2% 的受访者认为自己"只了解一点"，认为自己"了解一些"的受访者占比 31.5%，认为自己"了解很多"的占比 4.0%。可以看出，在绝大部分受访者的认知中，"气候变化"并不陌生，但较为模糊（见图 3−55）。

A4. 94.4% 的受访者认为气候变化正在发生

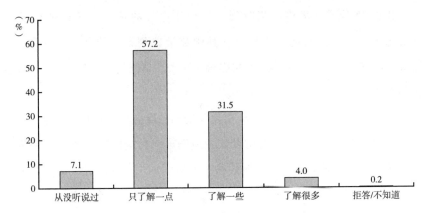

图 3 - 55　92.7%的受访者表示了解气候变化

A3. 您了解"气候变化"吗？（n = 4025）

94.4%的受访者认为气候变化正在发生，仅有5.3%的受访者认为气候变化没有发生。无论这种认知源自日常生活的体验、人际交流互动还是媒体的关注和报道，对绝大多数受访者来说，气候变化是一个正在发生的事实（见图3 - 56）。

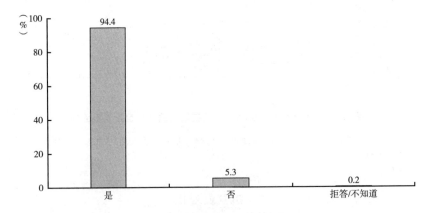

图 3 - 56　94.4%的受访者认为气候变化正在发生

A4. 气候变化是指近百年来全球平均气温不断上升，全球气候正在发生以变暖为主要特征的变化。您认为气候变化正在发生吗？（n = 4025）

A5. 66.0%的受访者认为气候变化"主要由人类活动引起"

在对气候发生变化原因的认知上，66.0%的受访者认为气候变化

"主要由人类活动引起"，11.1%的受访者认为气候变化"主要由环境自发变化引起"，19.3%的受访者认为两方面的原因都有，此外还有1.7%的受访者认为"根本没有发生气候变化"（见图3-57）。

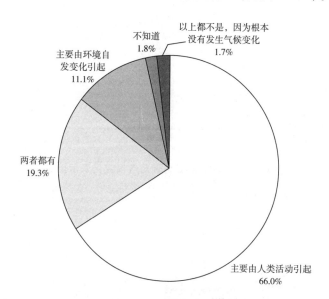

图3-57 66.0%的受访者认为气候变化"主要由人类活动引起"

A5. 假设气候变化正在发生，您认为气候变化主要是由人类活动引起的，是自然环境变化引起，是其他因素引起的，还是根本就没有发生气候变化？（n＝4025）

A6. 79.8%的受访者对气候变化表示担心

79.8%的受访者对气候变化表示担心，其中16.3%的受访者"非常担心"气候变化，63.5%的受访者对气候变化"有些担心"，而对气候变化"不太担心"或"完全不担心"的受访者分别占比16.2%和3.9%（见图3-58）。

B. 对气候变化影响的认知度

B1. 75.2%的受访者认为其经历过气候变化影响

75.2%的受访者认为其经历过气候变化，超过受访者总数的四分之三。24.6%的受访者认为没有经历过气候变化（见图3-59）。

B2. 受访者认为气候变化对"子孙后代"和"动植物物种"影响最大

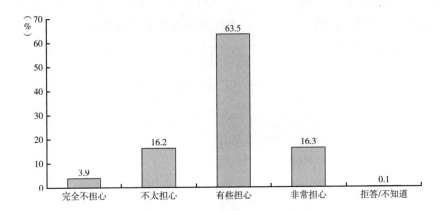

图 3 - 58   79.8％的受访者对气候变化表示担心

A6. 您对气候变化的担心程度 （n = 4025）

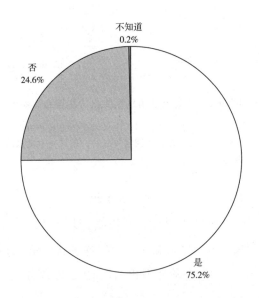

图 3 - 59   75.2％的受访者认为其经历过气候变化影响

B1. 您个人经历过气候变化影响吗？（n = 4025）

受访者普遍认为气候变化对子孙后代、动植物物种和本国公众有中等或很大影响。其中，认为气候变化对子孙后代和动植物物种的影响最大，而对本国公众和自己与家人的影响依次递减。

　　受访者认为气候变化有中等或很大影响的方面按比例大小排序分别是子孙后代78.0%、动植物物种71.7%、本国公众51.4%、自己与家人31.1%（见图3-60）。

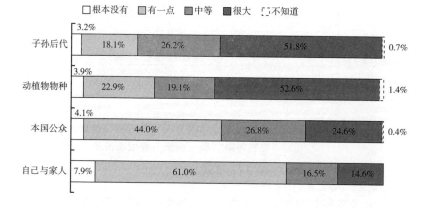

图 3-60　受访者认为气候变化对"子孙后代"和"动植物物种"影响最大

B2. 您认为气候变化对以下各方的影响程度如何？（n=4025）

　　B3. 大部分受访者认为如果不采取气候变化措施，"空气污染"和"疾病"将增加很多

　　在未来二十年，如果中国不采取措施应对气候变化，受访者认为气候变化导致空气污染现象增加最多，其次依次是疾病、干旱、洪水、冰川融化、动植物种类灭绝、饥荒和食物短缺（见图3-61）。

　　B4. 受访者最担心气候变化对"空气污染"和"疾病"的影响

　　在"您最担心哪类气候变化影响？"题目中，33.4%的受访者选择"空气污染加剧"，29.0%的受访者选择"疾病增多"，其次是干旱、洪水和冰川消融，占比分别为10.9%、8.7%和6.8%（见图3-62）。

　　B5. 七成以上的受访者认为气候变化与空气污染相互影响，有协同性

　　关于气候变化与空气污染的关系，72.6%的受访者认为气候变

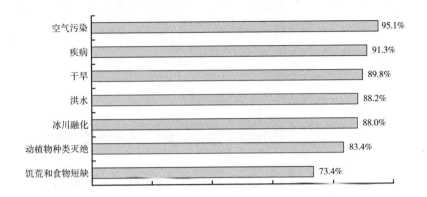

图 3 - 61 大部分受访者认为如果不采取气候变化措施，
"空气污染" 和 "疾病" 将增加很多

B3. 未来二十年，如果中国不采取措施应对气候变化，您认为气候变化会导致以下现象增多还是减少？（n = 4025）

注：本图是在 "增加很多、有些增加、有些减少、减少很多、没有变化" 五个选项中，将 "增加很多" 和 "有些增加" 相加后求得受访者认为现象将增加的比例。

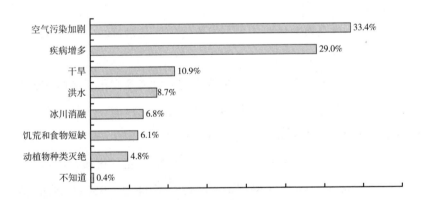

图 3 - 62 受访者最担心气候变化对 "空气污染" 和 "疾病" 的影响

B4. 您最担心哪类气候变化影响？（n = 4025）

化与空气污染相互影响，有协同性；此外，14.3% 的受访者认为气候变化导致空气污染，还有 12.8% 的受访者认为空气污染导致气候变化（见图 3 - 63）。

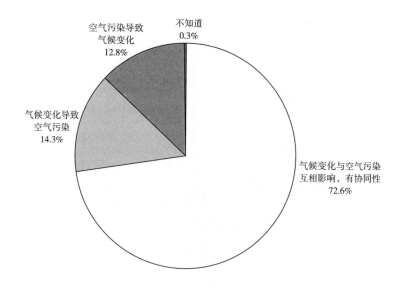

图 3 - 63　七成以上的受访者认为气候变化与空气污染相互影响，具有协同性

B5. 关于气候变化与空气污染的关系您赞同下面哪种说法？（n = 4025）

C. 对气候变化应对的认知度

C1. 近半数受访者认为应对气候变化减缓和适应一样重要

大多数受访者认为应对气候变化减缓更重要（47.8%），还有 45.3% 的受访者认为减缓和适应同样重要。6.7% 的受访者认为适应更重要（见图 3 - 64）。

C2. 受访者普遍认为政府在应对气候变化问题上应该发挥更多作用

在应对气候变化问题上，受访者普遍认为"政府"应该发挥更多作用，其次是"媒体"和"环保公益组织"（见图 3 - 65）。

C3. 空气污染是受访者认为政府最应关注的问题，其次是水污染和生态保护

关于中央政府应该关注的"空气污染、水污染、气候变化、生态保护、经济发展、教育、反恐、健康"8 个问题，超过 70% 的受访者认为中央政府应该对这些问题都予以高度关注。平均来看，所有问题中空气污染被认为是最重要的（3.42），其次依次是水污染

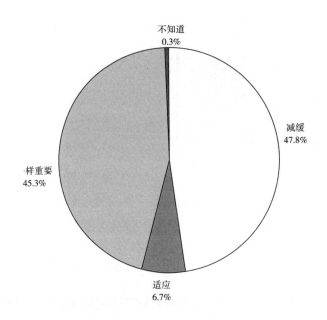

图 3 - 64　近半数受访者认为应对气候变化减缓和适应一样重要

C1. 应对气候变化有减缓和适应气候变化两大对策。您认为减缓和适应哪个更重要？（n = 4025）

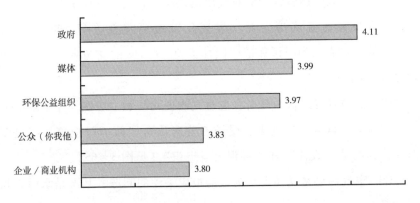

图 3 - 65　受访者普遍认为政府在应对气候变化问题上应该发挥更多作用

C2. 下列角色在应对气候变化问题上发挥了不同程度的作用，您认为他们应该再多做还是少做点？（n = 4025）

注：在分析该题时，将"最少，更少，正合适，更多，最多"依次赋值为"1分、2分、3分、4分、5分"，最终求得5个角色所得分的均值。

（3.36）、生态保护（3.31）、健康（3.28）以及气候变化（3.25）
（见图3-66）。

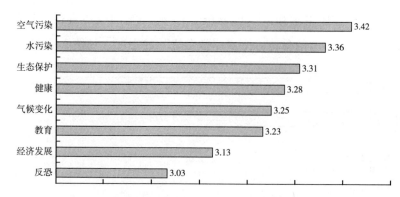

图3-66　空气污染是受访者认为政府最应关注的问题，
其次是水污染和生态保护

C3. 在中央政府应该关注的一些问题中，您认为中央对这些问题应该有怎样的
关注度？（n=4025）

注：本图是在将"低，中，高，非常高"四个选项依次赋值为"1分、2分、
3分、4分"后求得的各个问题关注度的平均值。

C4. 空气污染是受访者认为最重要的问题，其次是生态保护和健康

在C3中具有非常高关注度的问题中，24.3%的受访者认为空气污
染最重要，其次是生态保护（18.0%）和健康（17.2%）；有8.8%的
受访者认为气候变化最重要，高于经济发展和反恐（见图3-67）。

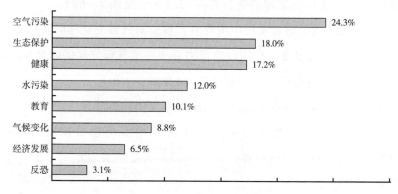

图3-67　空气污染是受访者认为最重要的问题，其次是生态保护和健康

C4. 您在C3选择了"非常高"的选项中，哪个是最重要的？（n=2564）

D. 对气候变化政策的认知度

D1. 96.3%的受访者支持中国于 2015 年年底加入《巴黎协定》的决定

2015 年年底中国加入《巴黎协定》，96.3%的受访者持支持的态度，其中，59.3%的受访者持"非常支持"的态度（见图 3 – 68）。

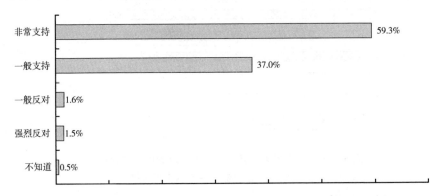

图 3 – 68 96.3%的受访者支持中国于 2015 年年底加入《巴黎协定》的决定

D1. 2015 年底，中国和其他 196 个国家在法国巴黎达成《巴黎协定》，共同应对气候变化的挑战。中国加入《巴黎协定》，您对此是非常支持、一般支持、一般反对，还是强烈反对？（n = 4025）

D2. 94.0%的受访者支持中国继续留在《巴黎协定》落实承诺

在美国宣布将退出《巴黎协定》后，对于中国继续留在《巴黎协定》以落实应对气候变化承诺的决定，高达 94%的受访者表示支持，其中持"非常支持"态度的受访者占 52.5%（见图 3 – 69）。

D3. 96.8%的受访者支持中国政府开展应对气候变化国际合作

96.8%的受访者支持中国政府努力开展应对气候变化国际合作，其中，54.7%的受访者对此"非常支持"（见图 3 – 70）。

D4. 96.9%的受访者支持政府实施温室气体控排政策

对于政府对二氧化碳等温室气体排放要实行总量控制的做法，96.9%的受访者持支持的态度，其中 64.5%的受访者表示"非常支持"（见图 3 – 71）。

D5. 九成受访者支持政府采取的各项减缓措施

在问及对于政府采取的一系列减缓气候变化相关的政策措施，受访者是否支持的问题时，九成受访者普遍对政府采取的各项措施持支持的态度（见图 3 – 72）。

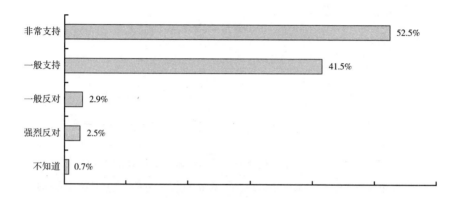

图 3 – 69　94.0％的受访者支持中国继续留在《巴黎协定》落实承诺

D2. 美国是全球第二大温室气体排放国，2017 年，美国宣布将退出《巴黎协定》，中国决定继续留在《巴黎协定》落实应对气候变化的承诺。您对此是非常支持、一般支持、一般反对，还是强烈反对？（n = 4025）

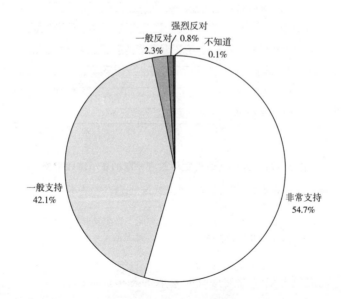

图 3 – 70　96.8％的受访者支持中国政府开展应对气候变化国际合作

D3. 中国政府努力开展气候变化领域的国际合作，即支持相对贫困的发展中国家减缓和适应气候变化。您对此是非常支持、一般支持、一般反对，还是强烈反对？（n = 4025）

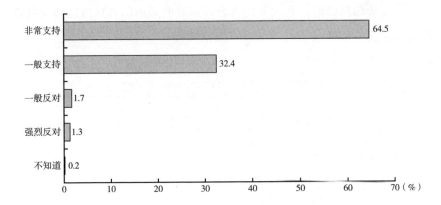

图 3 - 71　96.9%的受访者支持政府实施温室气体控排政策

D4. 在国内，政府对二氧化碳等温室气体排放要实行总量控制（即排放不能超过上限）。您对此是非常支持、一般支持、一般反对，还是强烈反对？（n = 4025）

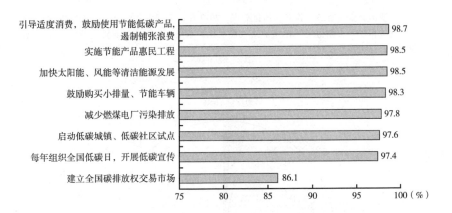

图 3 - 72　九成受访者支持政府采取的各项减缓措施

D5. 政府采取的减缓气候变化相关的政策措施中，您对此是非常支持、一般支持、一般反对，还是强烈反对？（n = 4025）

注：本图是在"非常支持、一般支持、一般反对、强烈反对"四个选项中，将"一般支持"和"非常支持"相加后求得受访者对各个政策的支持率。

D6. 九成以上受访者支持政府采取的各项适应措施

在问及对于政府采取的一系列适应气候变化相关的政策措施，受访者是否支持的问题时，受访者普遍对政府采取的各项措施持支持的态度，各项措施的支持率均超过96%（见图3 - 73）。

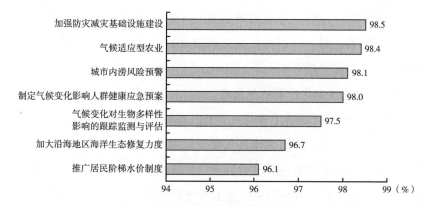

图 3 - 73　九成以上受访者支持政府采取的各项适应措施

D6. 在政府采取的适应气候变化相关的政策措施中，您对此是非常支持、一般支持、一般反对，还是强烈反对？（n=4025）

注：本图是在"非常支持、一般支持、一般反对、强烈反对"四个选项中，将"一般支持"和"非常支持"相加后求得受访者对各个政策的支持率。

D7. 98.7%的受访者支持学校开展气候变化相关教育

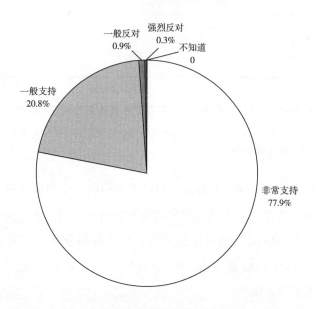

图 3 - 74　98.7%的受访者支持学校开展气候变化相关教育

D7. 您支持学校应该教育孩子们学习气候变化的成因、影响和解决方案吗？（n=4025）

在问及是否支持"学校应该教育孩子们学习气候变化的成因、影响和解决方案"时，98.7%的受访者持支持的态度，其中77.9%的受访者表示"非常支持"（见图3-74）。

E. 应对气候变化行动的执行度

E1. 73.7%的受访者愿意花更多钱购买气候友好型产品

73.7%的受访者愿意为购买气候友好型产品花费更多的钱。其中，27.6%的受访者最多愿意多支付一成的价格，所占比例最大；25.1%的受访者愿意多支付二成的价格；愿意多支付三成、三成以上价格的受访者分别为12.9%、8.1%（见图3-75）。

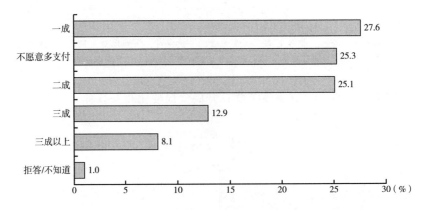

图3-75　73.7%的受访者愿意花更多钱购买气候友好型产品

E1. 如果购买气候友好型产品（对应对气候变化有贡献的产品）需要花更多的钱，您最多愿意多支付几成的价格？（n=4025）

E2. 近三分之一受访者愿意为自己产生的碳排放全价埋单

在问及是否愿意为自己全部的碳排放付费时，27.5%的受访者表示愿意全额支付200元，所占比例最大；其次是愿意支付100元的受访者，约占25.0%；愿意支付50元、25元的受访者分别占14.7%、22.2%（见图3-76）。

E3. 近半数受访者曾使用过共享单车

在问及是否曾经使用共享单车时，受访者中，46.7%的受访者表示曾经使用过共享单车，53.3%的受访者表示未使用过（见图3-77）。

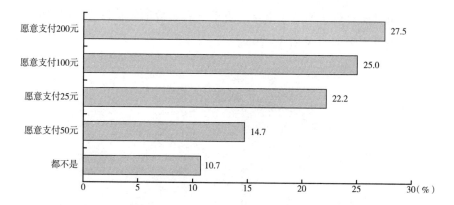

图3-76　近三分之一受访者愿意为自己产生的碳排放全价埋单

E2. 我们每个人平时坐车、乘坐飞机、购物都会产生碳排放，如果为您全部的碳排放付费每年需要200元人民币，您个人愿意支付多少？（n=4025）

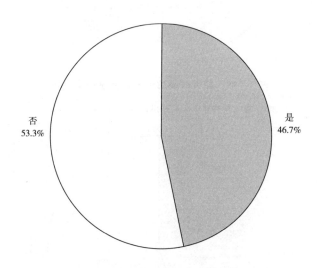

图3-77　近半数受访者使用过共享单车

E3. 您使用过共享单车吗？（n=4025）

E4. 超九成受访者支持共享单车出行

在问及是否支持共享单车出行时，92.6%的受访者表示支持，6.9%的受访者表示不支持（见图3-78）。

E5. 超半数的受访者知道家庭和单位安装太阳能光伏板发电的用处

55.6%的受访者表示知道在家中或工作单位安装太阳能光伏板，除了自用发电还可以卖给国家电网，占受访者总数的一半以上；44.4%的受访者表示不知道（见图3-79）。

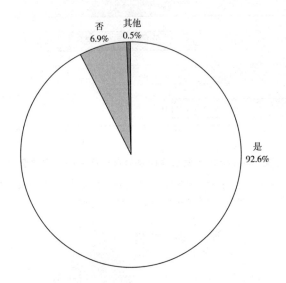

图 3 - 78　超九成受访者支持共享单车出行

E4. 您支持共享单车这种出行方式吗？（n = 4025）

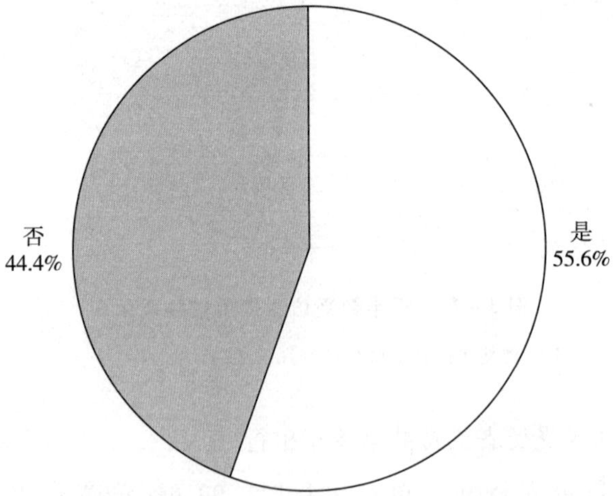

图 3 - 79　超半数的受访者知道家庭和单位安装太阳能光伏板发电的用处

E5. 您听说过如果在家中或工作单位安装太阳能光伏板（即用太阳能发电的太阳能板），发的电除了自用还可以卖给国家电网吗？（n = 4025）

F. 气候传播效力效果评价

F1. 电视和手机微信是获取气候信息的最主要渠道

绝大多数受访者都能够从各种渠道获取气候变化信息，其中最主要的获取信息的渠道依次为电视（83.6%）、手机微信（79.4%）、朋友和家人（68.1%）；官方网站和报纸也是较为广泛的一种获取气候变化信息的渠道，均占50%以上；而通过户外广告牌、杂志、广播获取气候变化信息的受访者相对较少（见图3－80）。

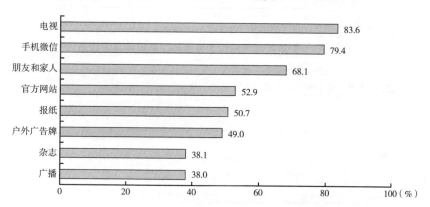

图3－80 电视和手机微信是获取气候信息的最主要渠道

F1. 您从下面渠道获取气候变化信息的频率是多少？（n＝4025）

注："使用率"＝"一年一次或更少"＋"一年很多次"＋"至少一月一次"＋"至少一周一次"。

F2. 受访者对气候相关信息的了解期望普遍较强

本次调查中，受访者对气候相关信息的了解期望普遍较强。希望多了解"气候变化影响和危害"信息的受访者最多（94.0%），其次是"气候变化解决方案"（93.4%）。"气候变化和日常生活的关系"和"气候变化政策"也是受访者较为关心的气候变化信息（见图3－81）。

F3. 中央政府是受访者最信任的信息源，其次是企业

17.2%的受访者非常信任"中央政府"发布的信息，有16.1%的受访者非常信任"企业"的信息。其次依次是"家人和朋友"（13.4%）、"科研机构"（12.5%），选择信任"新闻媒体"的受访者为8.5%（见图3－82）。

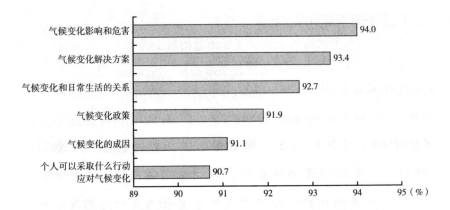

图 3 - 81　受访者对气候相关信息的了解期望普遍较强

F2. 以下气候变化相关的信息，您希望了解的程度如何？（n = 4025）
注：“期望了解比例” = “多一点” + “一般多” + “非常多”。

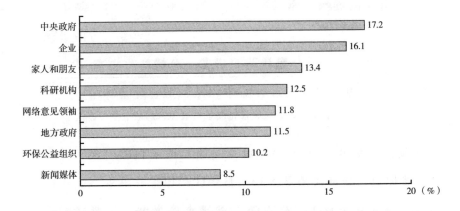

图 3 - 82　中央政府是受访者最信任的信源，其次是企业

F3. 您是否相信下列机构或人群发布的气候变化信息？（n = 4025）
注：本图使用的数据是选择“非常信任”的受访者比例。

F4. 受访者对社会新闻的关注程度最高

在各类新闻中，受访者最关心的新闻是“社会新闻”（30.0%），其次是政治新闻（19.9%）；最关心“环境新闻（如空气质量、水污染等）”的受访者占 12.3%（见图 3 - 83）。

F5. 97.7% 的受访者愿意分享气候变化信息（见图 3 - 84）

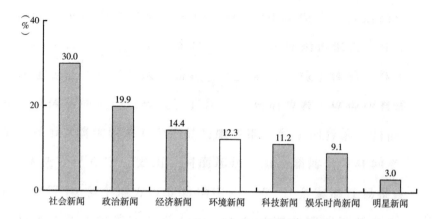

图 3 - 83　受访者对社会新闻的关注度最高

F4. 您最关注哪类新闻？（n = 4025）

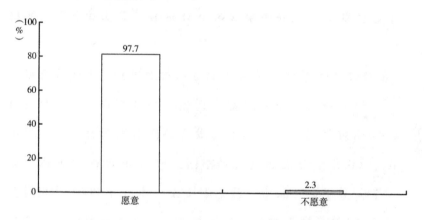

图 3 - 84　97. 7％的受访者愿意分享气候变化信息

F5. 您愿意和周围朋友、家人分享气候变化相关信息吗？（n = 4025）

附录　人口统计指标

	频数	百分比（％）
男	2054	51. 0
女	1971	49. 0
城市	2337	58. 1
农村	1688	41. 9

续表

	频数	百分比（%）
18~24 岁	515	12.8
25~34 岁	912	22.7
35~44 岁	852	21.2
45~54 岁	906	22.5
55~64 岁	645	16.0
65~70 岁	195	4.8
小学及以下	358	8.9
初中	649	16.1
高中	757	18.8
中专	369	9.2
大专	842	20.9
大学本科	924	23.0
硕士及以上	126	3.1
企业	1171	29.1
个体经营者	759	18.9
务农	521	12.9
事业单位	456	11.3
离退休人员	358	8.9
无业	259	6.4
学生	234	5.8
行政机关	99	2.5
其他非就业者	81	2.0
其他	68	1.7
军人	19	0.5

第四章 2017年中国公众气候认知 数据细分研究

第一节 中国城乡居民的气候认知度分析

　　截至 2017 年，我国的城镇化率已经达到 58.52%。① 城镇化发展在推动中国经济增长的同时，也不可避免地带来一系列环境挑战，诸如高碳排放量、高能源消耗等。同时，我国也是一个农业大国，和城市地区相比，农村更是受气候变化影响的脆弱地区，是气候灾害的多发地。气候变化不仅影响当地环境和生态恢复，也影响当地的经济社会发展，居民的日常生活、就业，甚至生命安全。因而推进中国城乡地区的绿色能源和可持续发展是各地区政府部门和相关组织需要不断思考和努力的课题。

　　2016 年以来，中国在农业、城市、林业、水资源等各方面或领域都开展了多项缓解和适应气候变化的工作并取得积极进展。② 其中，城乡地区有关气候变化方面的治理各有针对性的措施和策略。而在促进城乡地区应对气候变化过程中，居民对气候变化问题的行动和参与是不可

---

① 《中华人民共和国 2017 年国民经济和社会发展统计公报》，国家统计局，2018 年 2 月。
② 《中国应对气候变化的政策与行动 2017 年度报告》，国家发展和改革委员会，2017 年10 月。

忽视的部分，因而了解现阶段城乡居民在气候变化问题上的现有认知和对各政策的态度，是帮助政府和相关部门优化应对政策和措施的重要步骤。

城乡受访者样本的基本数据分布如表 4 − 1 所示。

表 4 − 1　城乡居民数据分布

细分人群	频数	占比（%）
城市	2337	58.1
农村	1688	41.9

有效样本量 n = 4025

一　对气候变化问题的认知度

1. 城市居民比农村居民对气候变化的了解程度更高

根据卡方检验结果可知，城乡居民在对气候变化的了解程度上存在明显差异。[①] 调研结果中，94.3% 的城市居民受访者对气候变化都有一定的了解，其中 39.4% 的人 "了解一些" 或 "了解很多"；相比之下，农村居民受访者从没听说过的比例相对较高，占比 9.4%，30% 的人对气候变化 "了解一些" 或 "了解很多"。可见，城市居民对气候变化的了解程度更高，农村居民对气候变化的了解认知有待加强（见图 4 − 1）。

2. 城乡居民均大多认为气候变化正在发生

通过卡方检验，对于气候变化是否正在发生，城乡居民之间没有明显差异。数据结果显示，农村居民受访者中有 93.9% 的人认为气候变化正在发生，城市居民受访者中赞同这个观点的人占 94.8%，两个比例均超过 90%。这说明，无论是对于农村居民还是城市居民，对气候变化正在发生的认知较为普遍（见图 4 − 2）。

---

① 卡方检验结果中，当卡方值 χ^2 对应的 Sig 小于 0.05 时，说明各组间存在显著性差异；同时列联系数 C 值也表示关联强度，一般 C 值越大，关联强度也更大。

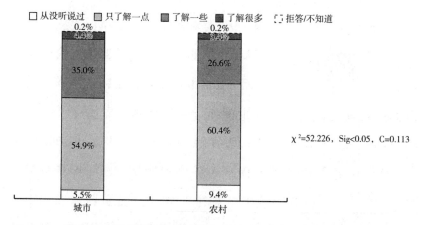

图 4 - 1 城市居民比农村居民对气候变化的了解程度更高

Q：您了解气候变化吗？（n = 4025）

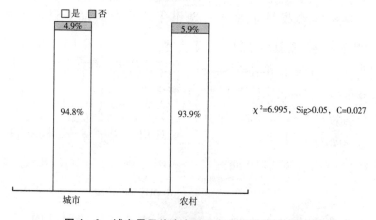

图 4 - 2 城乡居民均大多认为气候变化正在发生

Q：气候变化是指近百年来全球平均气温不断上升，全球气候正在发生以变暖为主要特征的变化。您认为气候变化正在发生吗？（n = 4025）

3. 城乡居民都更多地认为气候变化主要由人类活动引起

通过卡方检验，城乡居民之间在对气候变化原因的认知上，没有显著性差异。城市和农村居民受访者中都有 66% 左右的人认为气候变化主要由人类活动引起，而且均有大约 19% 的人认为环境自发和人类活动都是气候变化的主要原因。由此可见城乡居民在对气候变化原因的认知上达成一定的一致性（见图 4 - 3）。

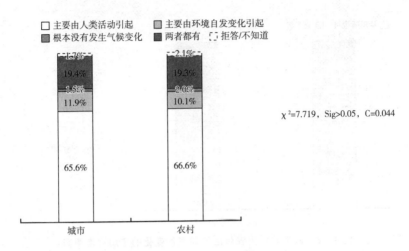

图 4 - 3　城乡居民都更多地认为气候变化主要由人类活动引起

Q：您认为气候变化主要是由什么原因引起的？（n = 4025）

4. 大多数城乡居民都担心气候变化

通过卡方检验，城乡居民在对气候变化的担心程度上没有显著性差异。城市和农村居民受访者中对气候变化"有些担心"或"非常担心"的人分别为81%和78.1%。可见，大多数城乡居民都比较担心气候变化问题（见图4 - 4）。

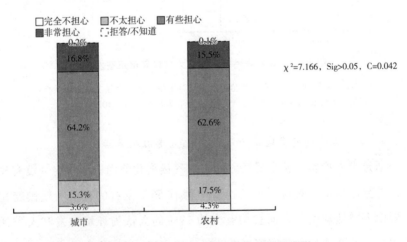

图 4 - 4　大多数城乡居民都担心气候变化

Q：您对气候变化的担心程度是？（n = 4025）

二　对气候变化影响的认知度

1. 相比农村居民，城市居民认为气候变化对动植物物种和子孙后代的影响程度更大

根据卡方检验，城乡居民在对气候变化对动植物物种和子孙后代的影响程度认知方面存在显著性差异。如图 4 - 5 所示，认为气候变化对动植物物种和子孙后代影响很大的城市居民受访者分别占比 55.5% 和 53.8%，比农村居民受访者的比例分别高 6.9 个百分点和 4.7 个百分点。可见，相比农村居民，城市居民认为气候变化对动植物物种和子孙后代的影响程度更大（见图 4 - 5）。

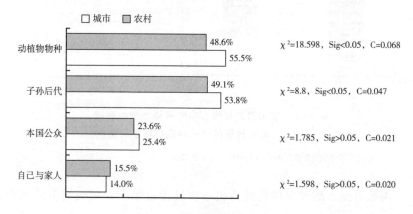

图 4 - 5　相比农村居民，城市居民认为气候变化对动植物物种和
子孙后代的影响程度更大

Q：您认为气候变化对以下各方的影响程度如何？（n = 4025）
注：本图中的数据选取的是认为影响程度"很大"的受访者比例。

2. 城市居民最担心空气污染加剧的影响，而农村居民最担心疾病增多的影响

城乡居民在最担心的气候变化类型上有较为明显的差异。其中，城市居民受访者中最担心"空气污染加剧"的人最多，占比 36.3%，其次分别是"疾病增多"和"干旱"，分别占比 26.9% 和 9%；而农村居民受访者中，最担心"疾病增多"的人占比 31.9%，其次是"空气污

染加剧"和"干旱"，分别占比 29.5% 和 13.4%。另外，最担心"干旱"的农村居民受访者更多，高出城市居民受访者 4.4 个百分点；而城市居民受访者中，最担心"冰川消融"者更多，占比 8.2%，比农村居民高 3.3 个百分点（见图 4 - 6）。

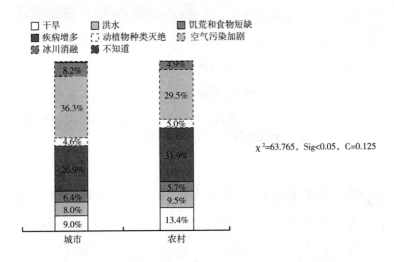

图 4 - 6　城市居民最担心空气污染加剧的影响，
而农村居民最担心疾病增多的影响

Q：您最担心哪类气候变化影响？（n = 4025）

由此可见，城乡居民均最为担心空气污染加剧和疾病增多的现象；同时，城市居民更担心冰川消融，而农村居民则相对更担心干旱的问题。针对城乡居民最担心的不同类问题，相关部门和组织应该更有针对性地展开气候传播工作，并制定应对气候变化的引导措施。

3. 和农村居民相比，更多的城市居民认为气候变化与空气污染互相影响

在对气候变化与空气污染关系的认知上，根据卡方检验的结果，城乡居民之间没有明显差异。调研数据中分别有 73.5% 和 71.4% 的城乡居民受访者认为气候变化与空气污染互相影响，有协同性（见图 4 - 7）。由此整体上看，多数城乡居民均认为气候变化和空气污染之间不存在谁导致谁的绝对因果关系。

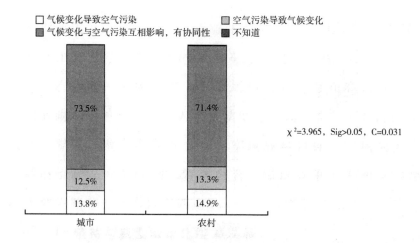

图4-7　和农村居民相比，更多的城市居民认为
气候变化与空气污染互相影响

Q：您赞同下面哪种说法？（n＝4025）

三　对气候变化应对的认知度

1. 城市居民更倾向于认为减缓政策更重要，农村居民相对倾向于认为减缓和适应政策同样重要

在对减缓和适应气候变化的两大应对政策的重要性认知上，通过卡方检验，城乡居民之间存在显著性差异。其中，城市居民受访者中有51.2%即有超过半数受访者认为减缓政策更重要，而这个比例在农村居民受访者中为43.1%，不足45%。在农村居民受访者中，49.8%的人认为减缓和适应两大应对气候变化的政策同样重要，高出城市居民受访者比例7.8个百分点（见图4-8）。可见，城市居民更倾向于认为减缓政策更重要，而农村居民则相对倾向认为减缓和适应政策同样重要。

2. 和农村居民相比，城市居民认为对各类问题应有的关注度普遍更高

整体来看，城市和农村居民都认为空气污染是最应该受到关注的问题，其次是水污染和生态保护问题。根据方差分析结果发现，除了

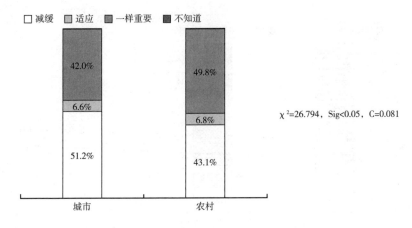

χ²=26.794, Sig<0.05, C=0.081

**图4-8 城市居民更倾向于认为减缓政策更重要，
农村居民相对倾向于认为减缓和适应政策同样重要**

Q：您认为减缓和适应两大应对气候变化的政策哪个更重要？（n=4025）

"经济发展"和"反恐"两类问题，对其他各类问题应该获得的关注度
认知上，城乡居民之间均存在显著性差异。城市居民认为各类问题应有
的关注度普遍高于农村居民（见图4-9）。

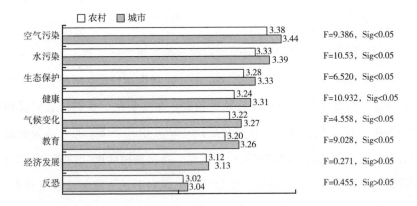

**图4-9 和农村居民相比，城市居民认为各类问题
应有的关注度普遍更高**

Q：您认为中央对以下问题应该有怎样的关注度？（n=3987，本题剔除了选择
"拒答/不知道"的受访者样本）

注：本图中的数据，是将"低""中""高""非常高"的关注度分别赋值为
"1，2，3，4"，即最高关注度为4，最低关注为1，最终求得的各均值。

四 对气候变化政策的认知度

1. 城乡居民对中国加入并留在《巴黎协定》落实承诺的做法都持有高度的支持

根据卡方检验，城乡居民在对中国加入和继续留在《巴黎协定》的支持度上，没有显著性差异。城市居民和农村居民中，均有超过94%的受访者"非常支持"或"一般支持"中国于2015年加入《巴黎协定》，同时也各有超过93%的受访者"非常支持"或"一般支持"中国继续留在《巴黎协定》落实承诺。可见总体来说，城乡居民对中国有关《巴黎协定》的两条政策都持有很高的支持度（见图4-10）。

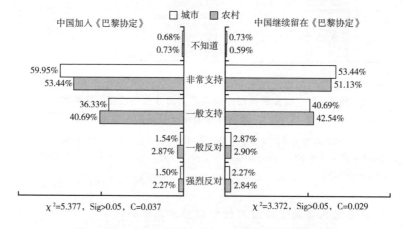

图4-10 城乡居民对中国加入并留在《巴黎协定》落实承诺的做法都持有高度的支持

Q（左）：2015年底，中国和其他196个国家在法国巴黎达成《巴黎协定》，共同应对气候变化的挑战。中国加入《巴黎协定》，您对此是非常支持、一般支持、一般反对，还是强烈反对？（n=4025）

Q（右）：美国是全球第二大温室气体排放国，2017年，美国宣布将退出《巴黎协定》，中国决定继续留在《巴黎协定》落实应对气候变化的承诺。您对此是非常支持、一般支持、一般反对，还是强烈反对？（n=4025）

2. 城乡居民对中国政府努力开展气候变化领域的国际合作都给予很高的支持度

通过方差检验，在对中国政府努力开展气候变化领域国际合作的支持度上，城乡居民之间没有显著性差异。城市和农村居民受访者中"非常支持"和"一般支持"中国政府努力开展气候变化领域国际合作的比例分别为96.5%和97.1%，均超过95%，可见绝大多数城乡居民对中国政府努力开展气候变化领域国际合作的行为给予很高的支持度（见图4-11）。

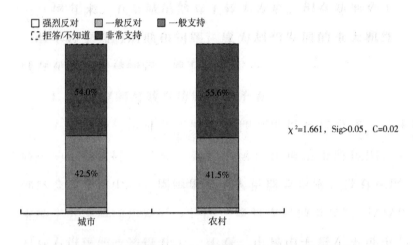

图4-11　城乡居民对中国政府努力开展气候变化领域的
国际合作都给予很高的支持度

　　Q：中国政府努力开展气候变化领域的国际合作，即支持相对贫困的发展中国家减缓和适应气候变化。您对此是非常支持、一般支持、一般反对，还是强烈反对？（n=4025）

3. 城乡居民普遍支持政府控制碳排放总量的政策

根据方差检验结果，在对政府控制碳排放总量政策的支持度上，城乡居民之间也没有显著性差异。绝大多数城乡居民对该政策持有高度支持，其中分别有65.1%和63.6%的城乡居民受访者"非常支持"政府对二氧化碳等温室气体排放实行总量控制。可见在有关碳排放总量的政策上，无论是在城市还是农村，都拥有庞大的群众支持（见图4-12）。

4. 城市居民对政府的多项减缓措施的支持度普遍高于农村居民

整体来看，在最高支持度为4的情况下，城乡居民受访者对各减缓政策的支持度均值都超过3，可见城乡居民对各项减缓措施的支持度普遍较高。同时，根据方差分析的结果可知，除了在"每年6月组织全

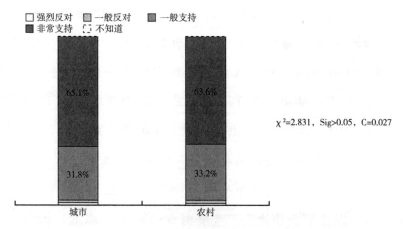

图4-12 城乡居民普遍支持政府控制碳排放总量的政策

Q：在国内，政府对二氧化碳等温室气体排放要实行总量控制（即排放不能超过上限）。您对此是非常支持、一般支持、一般反对，还是强烈反对？（n = 4025）

国低碳日，开展低碳宣传"和"建立全国碳排放权交易市场"两方面之外，城乡居民在"引导适度消费，鼓励使用节能低碳产品，遏制铺张浪费""实施节能产品惠民工程，推广使用高效节能空调、绿色照明等""加快太阳能、风能等清洁能源发展""鼓励购买小排量汽车、节能汽车、新能源车辆""减少燃煤电厂污染排放""启动低碳城镇、低碳社区试点"各项减缓政策的支持度上，都存在显著性差异，而且由图4-13可见，城市居民对这些政策的支持度均普遍高于农村居民。

5. 城市居民对政府的多项适应措施的支持度普遍高于农村居民

在最高支持度为4的情况下，城乡居民受访者对各适应政策的支持度均值都超过3分，同样可见城乡居民对各项适应措施的支持度普遍较高。其中，进一步根据方差分析检验可知①，城市居民对"加强防灾减灾基础设施建设""气候适应型农业""加大沿海地区海洋生态修复力度"以及"制定气候变化影响人群健康应急预案"四类适应政策的支持度显著高于农村居民（见图4-14）。

————————

① 方差检验分析中，F值越大，同时F值对应的Sig值越大，说明各组均值之间存在显著性差异。

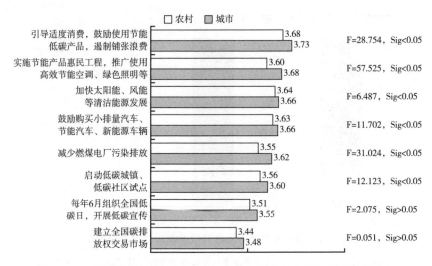

图4-13　城市居民对政府的多项减缓措施的支持度普遍高于农村居民

Q：您对政府采取的各项减缓措施，是非常支持、一般支持、一般反对，还是强烈反对？（n=3594，本数据中剔除了选择"拒答/不知道"的受访者样本）

注：本图中的数据，是将影响程度"强烈反对、一般反对、一般支持、强烈支持"分别赋值为"1、2、3、4"，最终求得各均值。

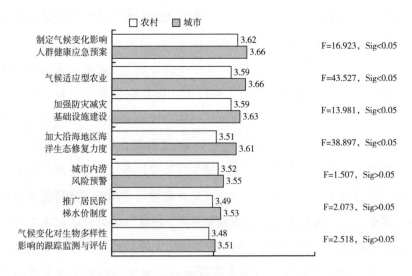

图4-14　城市居民对政府的多项适应措施的支持度普遍高于农村居民

Q：您对政府采取的各项适应措施，是非常支持、一般支持、一般反对，还是强烈反对？（n=3948，本数据中剔除了选择"拒答/不知道"的受访者样本）

注：本图中的数据，是将影响程度"强烈反对、一般反对、一般支持、强烈支持"分别赋值为"1、2、3、4"，最终求得各均值。

五　应对气候变化行动的执行度

1. 相比农村居民，城市居民中更多人使用过共享单车

通过卡方检验结果，城乡居民在使用共享单车的情况上存在明显差异。其中，城市居民受访者超过一半使用过共享单车，占比53.9%，而农村居民受访者中使用过共享单车的人占36.6%。由此可见，共享单车在城市的普及率相对更高（见图4-15）。

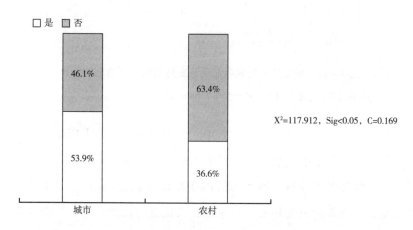

X²=117.912，Sig<0.05，C=0.169

图4-15　相比农村居民，城市居民中更多人使用过共享单车

Q：您使用过共享单车吗？（n=4025）

2. 城市居民比农村居民更支持共享单车的出行方式

整体上，大多数城乡居民都支持共享单车的出行方式，而进一步根据卡方检验的结果可知，城乡居民在对共享单车的支持度上也存在显著性差异。城市居民受访者中支持共享单车的人占比94.1%，这个比例在农村居民受访者中也较高，但比城市地区低3.6个百分点。由此可见，相比农村居民，城市居民更加支持共享单车的出行方式，这也从一定程度上说明共享单车积极影响了城市居民的生活方式（见图4-16）。

3. 相比农村居民，城市居民对太阳能光伏板的认知更高

太阳能光伏发电作为国家大力扶持的清洁能源利用方式，不仅不会对环境造成不必要的污染，而且能够帮助城乡居民节省生活成本。

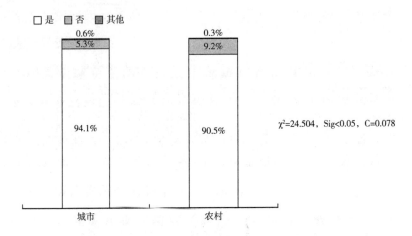

图4-16　城市居民比农村居民更支持共享单车的出行方式

Q：您支持共享单车这种出行方式吗？（n＝4025）

在本次调研的城乡居民受访者中，均有超过半数的人听说过家中或工作单位安装太阳能光伏板，发的电不仅可以自用，还可以卖给国家电网。而且根据卡方检验，城乡居民在有关太阳能光伏板的认知上存在显著性差异。城市居民受访者中听说过相关信息的比例更高，比农村居民中的受访者高出8.5个百分点（见图4-17）。

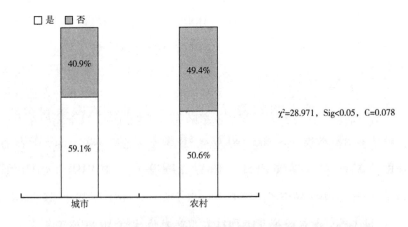

图4-17　相比农村居民，城市居民对太阳能光伏板的认知更高

Q：您听说过如果在家中或工作单位安装太阳能光伏板（即用太阳能发电的太阳能板），发的电除了自用还可以卖给国家电网吗？（n＝4025）

可见相比农村居民，城市居民对太阳能光伏板的了解程度相对更高；同时，整体上来看，城乡居民对太阳能光伏板均有较高的认知度，但同时还需要积极普及相关清洁能源的日常利用知识，以帮助提高城乡居民在应对气候变化方面的参与意识和行动执行力。

4. 相比农村居民，城市居民更愿意为气候友好型产品支付更高成本

通过卡方检验，在对气候友好型产品的购买意愿上，城乡居民之间存在显著性差异。受访者中，不愿意为气候友好型产品多支付成本的城市居民为20.8%，而农村居民的占比更高，为31.6%。近24%的城市居民受访者愿意为气候友好型产品支付三成及以上的成本，比农村居民受访者的比例高出5.7个百分点（见图4-18）。由此可见，相比农村居民，城市居民更愿意为气候友好型产品支付更高成本。

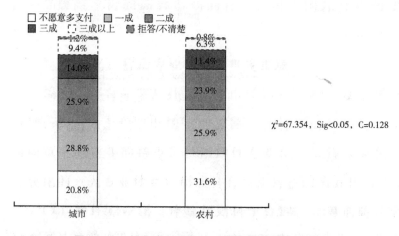

$\chi^2=67.354$，Sig<0.05，C=0.128

**图4-18　相比农村居民，城市居民更愿意为气候
友好型产品支付更高成本**

Q：如果购买气候友好型产品（对应对气候变化有贡献的产品）需要花更多的钱，如风能、太阳能产品、绿色建筑（即从建筑的建材选择、修建施工到装修和销售的全过程，最大限度地节约资源、保护环境和减少污染）等，您最多愿意多支付几成的价格？（n=4025）

5. 相比农村居民，城市居民更愿意为自己的碳排放埋单

根据卡方检验结果，城乡居民在为自己的碳排放支付意愿上存在显著性差异。城市居民受访者中愿意支付200元的人占比最高，为

30.7%，其次是愿意支付 100 元的受访者，占比为 27.3%，分别比农村居民受访者的比例高 7.7 个和 5.5 个百分点。农村居民受访者中有 28.1% 的人仅愿意支付 25 元，占比最高（见图 4 - 19）。由此可见，城市居民更愿意为自己的碳排放埋单。

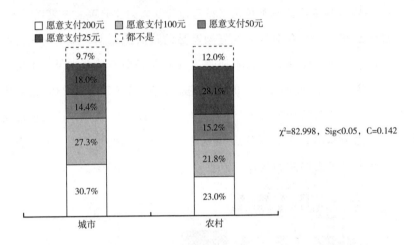

图 4 - 19 相比农村居民，城市居民更愿意为自己的碳排放埋单

Q：我们每个人平时坐车、乘坐飞机、购物都会产生碳排放，如果为您全部的碳排放付费每年需要 200 元人民币，您个人愿意支付多少？（n = 4025）

六 气候传播效力效果评价

1. 城市居民尤其更多地通过手机微信和官方网站获取气候变化信息

通过卡方检验发现，城乡居民在各种媒体的使用频率上均存在显著性差异。整体来说，城市居民从各渠道获取信息的频率都高于农村居民，城市居民尤其更多地通过手机微信和官方网站获取气候变化信息。具体来说，本次调研发现，城市居民受访者中大多数从"手机微信"上获取信息，占比 72.9%，其次是"电视"及"朋友和家人"，分别占比 71.8% 和 51.8%；而农村居民受访者中，获取气候变化信息的主要渠道是"电视"，占比 63.7%，其次分别是"手机微信"及"朋友和家人"，分别占比 59.4% 和 43.2%。另外，城市居民受访者中通过"官方网站"

获取信息的比例也比农村居民受访者比例高出 12.3 个百分点（见图 4 - 20）。对此，针对城乡居民获取气候变化信息的媒介差异，气候传播工作者在传播渠道的选择上可以有所侧重。

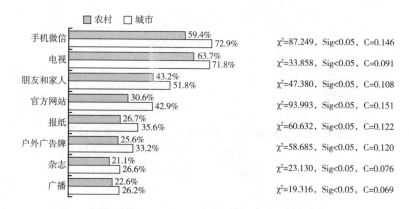

**图 4 - 20　城市居民尤其更多地通过手机微信和
官方网站获取气候变化信息**

Q：您从各渠道获取气候变化信息的频率是多少？（n = 4025）

注：本图中的数据是选取渠道使用率为"一年一次或更少""一年很多次""至少每月一次""至少每周一次"的比例之和。

2. 农村居民更关注社会新闻，而城市居民对经济和政治新闻更感兴趣

城乡居民最关注的前三类新闻分别是社会新闻、政治新闻和经济新闻。根据进一步的卡方检验可知，城乡居民在最关注的新闻类型上存在显著性差异。农村居民受访者中，最关注"社会新闻"的比例为 33.7%，比城市居民受访者高出 6.3 个百分点；另外，城市居民受访者中最关注政治新闻和经济新闻的比例相对更高，分别比农村居民受访者的比例高出 3.6 个和 3.2 个百分点（见图 4 - 21）。由此可见，农村居民更关注社会新闻，而城市居民对经济新闻和政治新闻更感兴趣。

3. 城市居民对大多数气候变化信息的了解期望程度高于农村居民

根据卡方检验，在对某些气候变化信息的了解期望上，城乡居民之间存在明显差异。具体来说，城市居民受访者中期望对"气候变化影

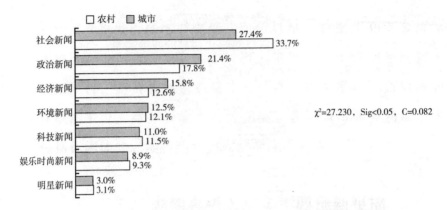

图 4 - 21　农村居民更关注社会新闻，而城市居民对
经济和政治新闻更感兴趣

Q：您最关注哪类新闻？（n = 4025）

响和危害""气候变化解决方案"以及"个人可以采取什么行动应对气
候变化"了解非常多的比例分别为 25%、21.7% 和 21.4%，分别高出
农村居民受访者 4.1 个、4.0 个和 3.7 个百分点（见图 4 - 22）。可见，
整体上，城市居民对气候变化信息的了解期望程度较高，尤其是有关气
候变化影响和危害及解决方案方面。

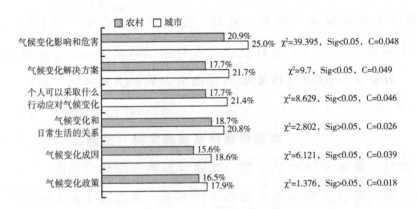

图 4 - 22　城市居民对大多数气候变化信息的
了解期望程度高于农村居民

Q：您对各类气候变化相关的信息，希望了解的程度如何？（n = 4025）
注：本图中的数据是选取期望了解"非常多"的受访者比例。

第二节　基于性别的中国气候认知度分析

中国 2010 年第六次人口普查资料显示，全国共有 682329104 名男性（51.19%）和 650481765 名女性（48.81%）。性别作为重要的人口统计学特征，在公众的认知水平、心理变化、行为习惯等方面都有重要的影响作用。为了更深入地分析中国的男性群体和女性群体对气候变化与气候传播认知的差异，本节将性别作为研究重点，从六个不同维度，分析不同性别公众对中国气候变化的认知和行为偏向。2017 年中国公众气候变化与气候传播认知状况调研报告数据显示，本研究共调查了 2054 名男性受访者，占总人数的 51.0%；女性受访者为 1971 名，占 49.0%。综上，调查样本基本符合中国人口性别分布情况，具有一定的研究意义。

不同性别受访者样本的基本数据分布如表 4 - 2 所示。

表 4 - 2　不同性别公众数据分布

性别	频数	占比(%)
男	2054	51.0
女	1971	49.0

有效样本量 n = 4025

一　性别与气候变化问题的认知度对比

1. 男性比女性更了解气候变化

根据卡方检验结果可得，在 5% 的水平下，皮尔逊卡方值 χ^2 为 31.552，原假设 H0[①] 的概率小于 0.05（Sig < 0.05），列联系数 C 为 0.088，说明男性公众和女性公众在"气候变化了解程度"上存在显著

---

① 原假设 H0 是男性和女性对"气候变化"的了解程度无差异。

性差异。① 在男性受访者中，表示对气候变化有所了解的比例为92.9%，高于女性受访者。其中，有5.5%的男性表示"了解很多"气候变化相关的信息，有32.6%的男性"了解一些"。在女性受访者中，有2.4%表示"了解很多"，有30.3%表示"了解一些"（见图4-23）。由此可见，男性公众比女性公众更了解气候变化。

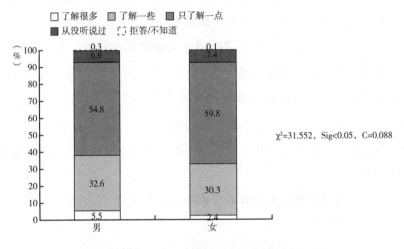

图4-23　性别在"气候变化了解程度"上的对比

Q：您了解"气候变化"吗？（n=4025）

2. 男性和女性对正在发生的气候变化的感知力无显著性差异

根据卡方检验结果，男性和女性在"气候是否正在变化认知情况"上不存在显著性差异。男性受访者和女性受访者在各观点中的比例相近，均有超过90%的男性（93.9%）和女性（95.0%）意识到了气候变化正在发生的现状，分别有5.9%的男性和4.8%的女性不认为气候正在变化（见图4-24）。由此可见，我国的男性和女性对正在发生的气候变化的感知力无显著性差异。

———————————

① 根据卡方检验原理，计算原假设H0在5%的水平下出现的概率Sig值。若Sig值小于0.05，则拒绝原假设H0，接受备选假设H1，则说明进行相互检验的两个变量之间不是相互独立的，存在显著性差异。当卡方值χ²越大，则说明变量类别平均之间的差异越大。

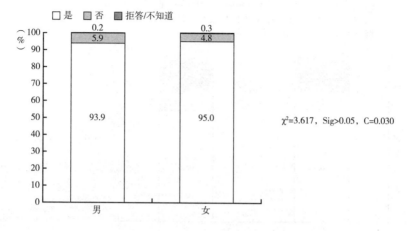

图 4 - 24   性别在"气候是否正在变化认知情况"上的对比

Q：气候变化是指近百年来全球平均气温不断上升，全球气候正在发生以变暖为主要特征的变化。您认为气候变化正在发生吗？（n = 4025）

3. 男性和女性对气候变化引起原因的看法无显著性差异

根据卡方检验结果，男性和女性在"气候变化引起的原因"问题上的认知情况不存在显著性差异。分别有 66.5% 的男性和 65.5% 的女性认为气候变化"主要由人类活动引起"，而均有超过一成的男性和女性认为"主要由环境自发变化引起"。仅有不到 20% 的人认为环境自发因素和人类活动都导致了气候变化（见图 4 - 25）。由此可见，不同性别公众在气候变化引起原因上的认知情况的分布无显著性差异。

4. 男性和女性对气候变化的担心程度无显著性差异

根据卡方检验结果，男性和女性"对气候变化担心程度"不存在显著性差异。将不同程度的担心比例相加可得，有 96.6% 的女性表示担心气候变化，比男性多 1.2 个百分点。从担心程度的分布情况来看，持"非常担心"的男性和女性的比例分别为 16.9% 和 15.6%，相差 1.3 个百分点；持"有些担心"的女性（65.3%）多于男性（61.8%）（见图 4 - 26）。由此可见，男性和女性对气候变化现象的担心程度无显著性差异。

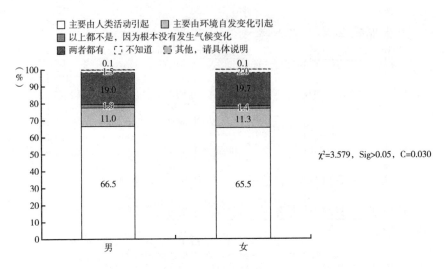

图 4 - 25 性别在"气候变化引起的原因"上的对比

Q：假设气候变化正在发生，您认为气候变化主要是由人类活动引起的，是自然环境变化引起的，是其他非就业者因素引起的，还是根本就没有发生气候变化？（n = 4025）

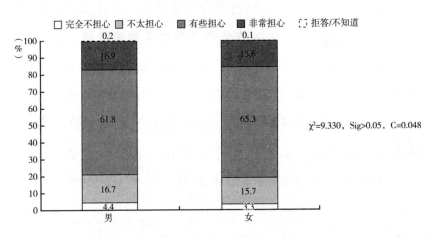

图 4 - 26 性别在"对气候变化担心程度"上的对比

Q：您对气候变化的担心程度？（n = 4025）

二 性别与气候变化影响的认知度对比

1. 男性和女性对个人经历气候变化影响的认知无显著性差异

根据卡方检验结果，男性和女性在"个人是否经历过气候变化影

响"问题上的认知不存在显著性差异。有 75.6% 男性受访者和 74.8%
的女性受访者认为经历过气候变化影响，相差 0.8 个百分点，而表示没
有经历过的女性受访者比男性受访者多 0.7 个百分点（见图 4-27）。

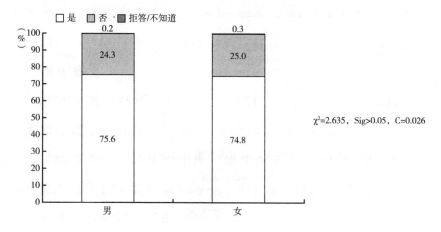

图 4 - 27　性别在"个人是否经历过气候变化影响"上的对比

Q：您个人经历过气候变化影响吗？（n = 4025）

2. 男性和女性在"气候变化对不同方面的影响程度"上的认知无
显著性差异

根据卡方检验结果，当问及气候变化对"子孙后代""本国公众"
"动植物物种""自己与家人"四个方面的影响程度时，男性和女性在
四个方面的认知情况均不存在显著性差异。96.4% 的男性受访者和
95.8% 的女性受访者认为气候变化会对"子孙后代"产生影响，相比
其他方面占比较高。关于气候变化对"自己与家人"的影响情况认知
上，有 92.7% 的女性受访者认为有影响，高于男性受访者的 91.4%。
无论是男性受访者还是女性受访者，认为气候变化会对四个方面产生影
响的比例均超过 90.0%，且比例相近（见图 4-28）。由此可见，男性
和女性对气候变化对四个不同方面影响情况的认知无显著性差异。

3. 女性比男性更认为气候变化会导致疾病、干旱增加

根据卡方检验结果，当问及"未来二十年，如果中国不采取措施

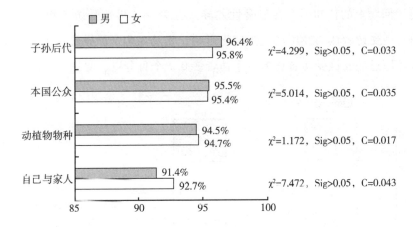

图 4－28　性别在"气候变化对不同方面的影响程度"上的认知对比

Q：您认为气候变化对以下各方的影响程度如何？（n＝4025）

注：本数据中，将选择"有一点、中等、很大"的比例相加，最终求得有影响的比例。

应对气候变化，您认为气候变化会导致以下现象增多还是减少"时，男性和女性在"疾病增多""冰川消融"上的认知情况存在显著性差异，且对"疾病增多"的认知差异最显著。相比之下，不同性别对其余变化的认知不存在显著性差异。在女性受访者中，表示气候变化会导致空气污染加剧、疾病增多、干旱、饥荒和食物短缺、洪水现象增加的比例高于男性受访者，而认为冰川融化、动植物种类灭绝现象增加的男性受访者比例高于女性受访者比例（见图4－29）。

4. 男性更担心干旱、洪水、冰川消融，女性更担心疾病增多、饥荒和食物短缺

根据卡方检验结果，男性和女性在"最担心的气候变化影响类型"上的认知存在显著性差异。33.7%的男性受访者和33.2%的女性受访者最担心空气污染加剧，所占比例均为各性别的最大值。其次，占比第二多的为疾病增多，女性受访者比例为32.1%，高于男性的25.9%。此外，女性受访者比男性受访者更担心饥荒和食物短缺等这类更贴近人们生活的影响，而男性受访者比女性受访者更担心干旱、洪水、冰川

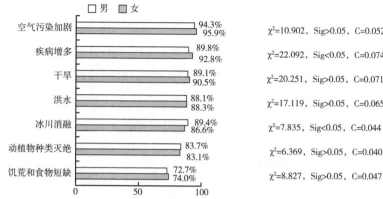

图 4-29　性别在"气候变化会导致现象增加"上的认知情况对比

Q：未来二十年，如果中国不采取措施应对气候变化，您认为气候变化会导致以下现象增多还是减少？（n=4025）

注：本图中的数据是"有些增加""增加很多"比例之和。

消融、动植物种类灭绝等这类更关乎整体与自然的影响（见图 4-30）。由此可见，男性和女性对不同气候变化类型的担心程度存在显著性差异。

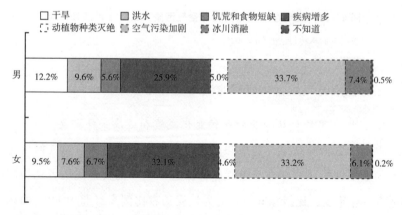

χ^2=32.631，Sig<0.05，C=0.090

图 4-30　性别在"最担心的气候变化影响类型"上的对比

Q：您最担心哪类气候变化影响？（n=4025）

5. 男性和女性均认为气候变化与空气污染互相影响，有协同性

根据卡方检验结果，男性和女性在"气候变化与空气污染关系"上的认知情况不存在显著性差异。认为"气候变化与空气污染互相影响，有协同性"的女性受访者比例为73.7%，持同样观点的男性受访者比例为71.6%。而有15.1%的男性受访者认为气候变化导致空气污染，高于13.4%持同样观点的女性受访者（见图4-31）。

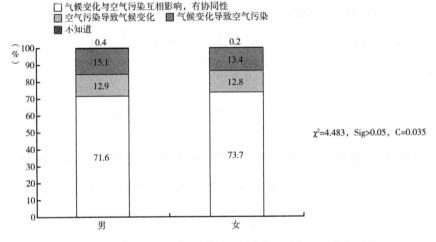

图4-31　性别在"气候变化与空气污染关系"上的认知对比

Q：您赞同下面哪种说法？（n=4025）

三　性别与气候变化应对的认知度对比

1. 女性比男性更认为应对气候变化减缓和适应一样重要

根据卡方检验结果，男性和女性对减缓和适应两大应对气候变化的对策的重要性的认知存在显著性差异。有46.7%的女性受访者认为减缓和适应一样重要，比持相同观点的男性受访者比例高（43.9%）。而认为"减缓"或"适应"更重要的男性比例均高于女性（见图4-32）。

2. 男性更赞同"企业/商业机构"应该做得多，女性更赞同"环保公益组织"应该做得多

根据卡方检验结果，男性和女性在"环保公益组织"和"企

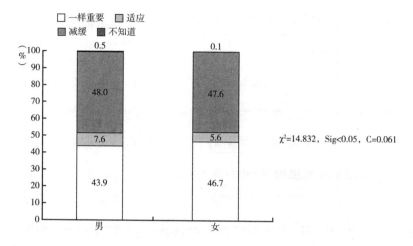

图4-32 性别在"减缓气候变化和适应气候变化的重要性"上的认知对比

Q：应对气候变化有减缓和适应气候变化两大对策。其中，减缓是指减少二氧化碳等温室气体的排放，是解决气候变化问题的根本出路。适应是通过调整自然和人类系统以应对干旱加剧、洪水增多等气候变化负面影响。您认为减缓和适应哪个更重要？（n=4025）

业/商业机构"应对气候变化发挥作用的认知上存在显著性差异，对"政府""媒体""公众（你我他）"的态度相近。有78.3%的男性受访者和76.2%的女性受访者认为企业/商业机构应该在气候变化问题上多发挥作用，占比相差2.1个百分点。男性受访者和女性受访者认为环保公益组织应发挥作用的比例分别为83.9%和85.0%，认为公众（你我他）应该做得多的比例分别为78.3%和76.2%。而男性和女性受访者认为政府、媒体、公众（你我他）应该做得多的差异不显著（见图4-33）。由此可见，经过验证，男性更赞同"企业/商业机构"应该做得多，女性更赞同"环保公益组织"应该做得多。

3. 男性认为中央应给予空气污染、水污染、生态保护、气候变化、健康和反恐等问题的关注度比女性高

根据单因素方差分析结果，当被问及"您认为中央对以下问题应该有怎样的关注度"时，男性受访者和女性受访者均认为中央应对

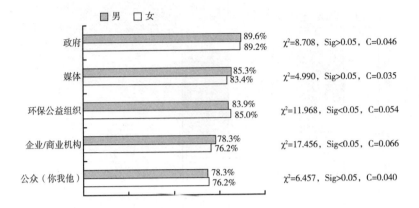

图 4 - 33 性别在"各角色应对气候变化发挥作用程度"上的认知对比

Q：下列角色在应对气候变化问题上发挥了不同程度的作用，您认为他们应该再多做还是少做点？（n = 4025）

注：本图中的数据是"更多"和"最多"的比例之和。

"空气污染"问题给予的关注度最高。通过比较均值差异可知，男性受访者和女性受访者认为中央应给予"气候变化"的关注度差别最大，平均值分别为 3.38 和 3.22，相差 0.16。其次为反恐问题（相差0.08）、经济发展问题（0.05）、水污染问题（0.05）（见图 4 - 34）。

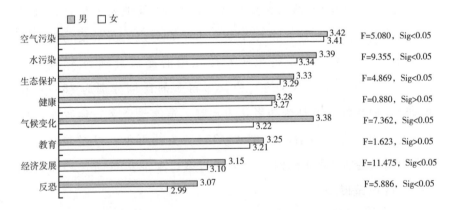

图 4 - 34 性别在"中央应给予不同问题关注程度"上的认知对比

Q：您认为中央对以下问题应该有怎样的关注度？（n = 4025）

注：本数据中，将"低""中""高""非常高"的关注度分别赋值为"1，2，3，4"，即最高关注为4，最低关注为1，最终求得各均值。

4. 男性和女性对八个需高度关注的问题的重要性认知差异显著

根据卡方检验结果，针对八个需要高度关注的问题，男性和女性对它们的重要性的认知存在显著性差异。本题共有1332名男性受访者和1232名女性受访者回答，其中认为"空气污染"最重要的女性受访者和男性受访者比例最高，分别为24.5%和24.1%。19.4%的男性受访者认为生态保护最重要，高于持相同观点的女性受访者（16.6%）。认为健康最重要的女性受访者比例为21.7%，远高于男性（13.1%）（见图4-35）。此外，认为水污染、气候变化、教育、经济发展最重要的男性受访者比例均高于女性。由此可见，男性和女性对八个需高度关注的问题的重要性认知差异显著。

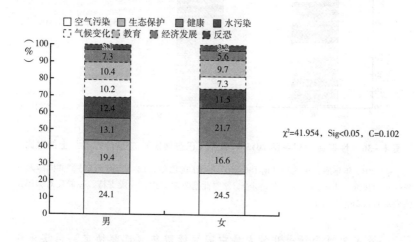

图4-35 性别在"非常高度关注的问题哪个最重要"上的认知对比

Q：上述您认为应该有非常高关注度的问题中，哪个是最重要的？（n=2564）

四 性别与气候变化政策的认知度对比

1. 男性和女性对中国2015年加入《巴黎协定》决定的态度无显著性差异

根据卡方检验结果，男性和女性"对中国2015年加入《巴黎协定》决定的态度"不存在显著性差异。在表示"非常支持"的受访者中，包括 1258 名男性，占男性受访者的 61.2%，1130 名女性，占女性受访者的 57.3%，男性受访者比例略微高于女性受访者。男性受访者持"一般支持"观点的比例为 35.4%，女性受访者为 38.7%，男性受访者比例略微低于女性受访者（见图 4 – 36）。由此可见，男性和女性对中国 2015 年加入《巴黎协定》决定的态度无显著差别。

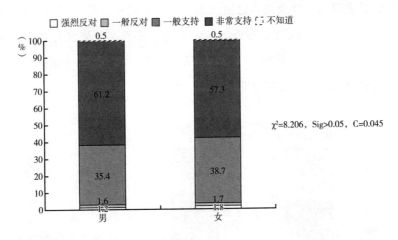

图 4 – 36　性别在"对中国 2015 年加入《巴黎协定》决定的态度"上的对比

Q：2015 年年底，中国和其他 196 个国家在法国巴黎达成《巴黎协定》，共同应对气候变化的挑战。中国加入《巴黎协定》，您对此是非常支持、一般支持、一般反对，还是强烈反对？（n = 4025）

2. 更多男性受访者非常支持中国继续留在《巴黎协定》落实承诺

根据卡方检验结果，男性和女性"对中国留在《巴黎协定》落实承诺的态度"存在显著性差异。有 54.7% 的男性受访者和 50.1% 的女性受访者"非常支持"中国继续留在《巴黎协定》落实承诺的决定，男性受访者比例高于女性受访者。表示"一般支持"的女性受访者比例（44.5%）高于男性受访者（38.5%），表示"强烈反对"的男性受访者比例（2.8%）高于女性受访者（1.8%）（见图 4 – 37）。由此可见，男性和女性对中国留在《巴黎协定》落实承诺的态度存在显著差别。

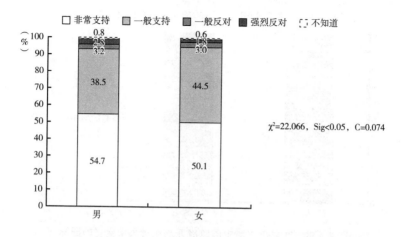

图4 - 37　性别在"对中国留在《巴黎协定》落实承诺的态度"上的对比

Q：美国是全球第二大温室气体排放国，2017年，美国宣布将退出《巴黎协定》，中国决定继续留在《巴黎协定》落实应对气候变化的承诺。您对此是非常支持、一般支持、一般反对，还是强烈反对？（n = 4025）

3. 更多男性非常支持中国政府开展应对气候变化的国际合作

根据卡方检验结果，男性和女性在"对中国政府开展应对气候变化的国际合作的态度"上不存在显著性差异。均有超过五成的男性受访者（55.8%）和女性受访者（53.4%）对中国政府开展应对气候变化的国际合作的决定表示"非常支持"。43.4%的女性受访者表示"一般支持"，仅比男性受访者高2.7个百分点（见图4 - 38）。

4. 男性和女性在二氧化碳等温室气体排放总量的控制政策上的支持态度无显著性差异

根据卡方检验结果，男性和女性在"对政府实行二氧化碳等温室气体排放总量控制政策的态度"上不存在显著性差异。男性受访者和女性受访者的认知情况相近，超过六成的男性受访者和女性受访者表示"非常支持"，所占比例分别为64.2%和64.8%（见图4 - 39）。

5. 男性比女性更支持政府采取"引导适度消费，鼓励使用节能低碳产品，遏制铺张浪费"的减缓措施

根据单因素方差分析结果，男性和女性对政府采取的"引导适度

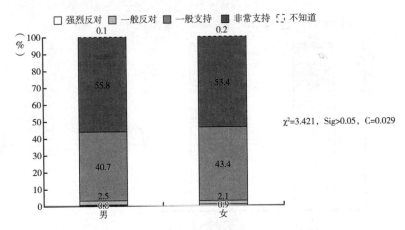

图 4-38　性别在"对中国政府开展应对气候变化的国际
合作的态度"上的对比

Q：中国政府努力开展气候变化领域的国际合作，即支持相对贫困的发展中国家减缓和适应气候变化。您对此是非常支持、一般支持、一般反对，还是强烈反对？（n=4025）

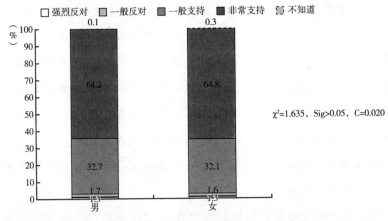

图 4-39　性别在"对政府实行二氧化碳等温室气体排放总量
控制政策的态度"上的对比

Q：在国内，政府对二氧化碳等温室气体排放要实行总量控制（即排放不能超过上限）。您对此是非常支持、一般支持、一般反对，还是强烈反对？（n=4025）

消费，鼓励使用节能低碳产品，遏制铺张浪费""加快太阳能、风能等清洁能源发展""实施节能产品惠民工程，推广使用高效节能空调、绿色照明等"三项减缓措施的态度存在显著性差异，而对其余五项减缓措施的态度不存在显著性差异。其中，性别在"引导适度消费，鼓励使用节能低碳产品，遏制铺张浪费"上的态度差异最显著（F = 18.006）。由图 4 - 40 可知，男性受访者对政府采取的各项减缓措施的支持程度均高于女性受访者。在各项减缓措施中，男性受访者和女性受访者均对"引导适度消费，鼓励使用节能低碳产品，遏制铺张浪费"的支持程度最高，均值分别是 3.72 和 3.69，相差 0.03（见图 4 - 40）。

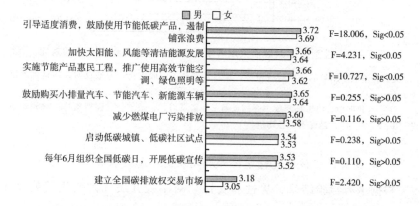

图 4 - 40　性别在"对政府采取各项减缓措施的态度"上的对比

Q：您对政府采取的各项减缓措施，是非常支持、一般支持、一般反对，还是强烈反对？（n = 4025）

注：本数据中，将影响程度"强烈反对、一般反对、一般支持、强烈支持"分别赋值为"1、2、3、4"，最终求得各均值。

6. 男性比女性更支持政府采取"气候适应型农业"的减缓措施，女性比男性更支持"加强防灾减灾基础设施建设"

根据单因素方差分析结果，男性和女性对政府采取的"气候适应型农业（农业病虫害防治、节水灌溉、保护性耕作）""加强防灾减灾基础设施建设"两项减缓措施的态度存在显著性差异，而对其余五项减缓措施的态度不存在显著性差异。男性受访者（3.65）和女性受访者（3.60）对"气候适应型农业（农业病虫害防治、节水灌溉、保护性耕作）"的支持程度相差 0.05，与其他减缓措施相比差值最大，其次是男女支持度相差 0.03 的"加强防灾减灾基础设施建设"（见图 4 - 41）。

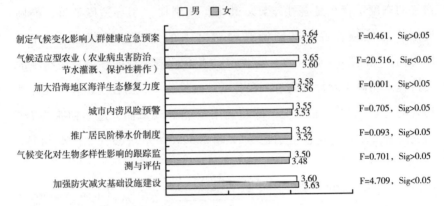

图 4-41 性别在"对政府采取各项适应措施的支持程度"上的对比

Q：您对政府采取的各项减缓措施，是非常支持、一般支持、一般反对，还是强烈反对？（n=4025）

注：本数据中，将影响程度"强烈反对、一般反对、一般支持、强烈支持"分别赋值为"1、2、3、4"，最终求得各均值。

7. 更多女性受访者支持学校开展气候变化相关教育

根据卡方检验结果，男性和女性"对学校开展气候变化相关教育支持程度"存在显著性差异。有 99.3% 的女性受访者和 98.3% 的男性受访者表示支持学校开展气候变化相关教育，其中表示"非常支持"的女性受访者为 78.9%，男性受访者为 77.0%（见图4-42）。

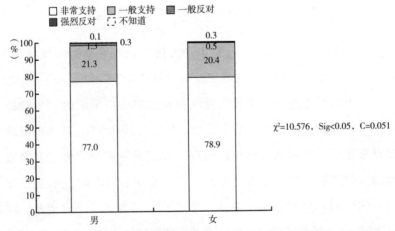

图 4-42 性别在"对学校开展气候变化相关教育支持程度"上的对比

Q：您支持学校应该教育孩子们学习气候变化的成因、影响和解决方案吗？（n=4025）

五 性别与气候变化行动的执行度对比

1. 男性比女性更愿意多花二成钱购买气候友好型产品，女性比男性更愿意多花一成钱

根据卡方检验结果，男性和女性在"多支付钱购买气候友好型产品意愿"上存在差异。有73.9%的男性受访者表示愿意多花钱购买气候友好型产品，女性受访者为73.4%。在表示愿意的受访者中，有26.4%的男性受访者表示愿意多支付二成，占男性总人数的比例最大；而女性受访者中最大比例愿意多支付一成，占女性总人数的31.1%。此外，愿意多支付三成以上、三成、二成的男性受访者比例均高于女性受访者，而愿意多支付一成或不愿意多支付的女性受访者比例高于男性受访者（见图4-43）。可见，男性比女性愿意花更多钱购买气候友好型产品。

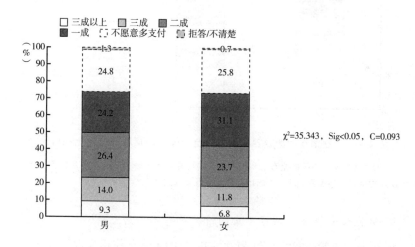

图4-43 性别在"多支付钱购买气候友好型产品意愿"上的对比

Q：如果购买气候友好型产品（对应对气候变化有贡献的产品）需要花更多的钱，如风能、太阳能产品、绿色建筑（即从建筑的建材选择、修建施工到装修和销售的全过程，最大限度地节约资源、保护环境和减少污染）等，您最多愿意多支付几成的价格？（n=4025）

2. 男性比女性更愿意为自己的碳排放全价埋单

根据卡方检验结果，男性和女性在"为自己的碳排放全价埋单的意

愿程度"上存在显著性差异。30.8%的男性受访者表示愿意支付200元为
自己的碳排放全价埋单，所占比例最大。而同等情况下的女性受访者仅
占23.9%，比男性少6.9个百分点。超过半数的男性受访者愿意支付100
元及以上（54.8%），86.8%的男性愿意支付25元及以上。女性受访者
表示愿意支付25元、50元、100元的比例均比男性受访者高，共有约
92.0%的女性表示愿意支付25元及以上。而表示"都不是"的男性受访
者（13.2%）多于女性受访者（8.0%）（见图4-44）。可见，愿意为碳排
放埋单的女性受访者比例更高，但愿意全价埋单的比例低于男性受访者。

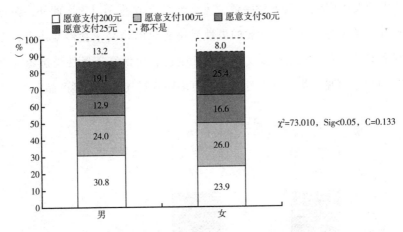

图4-44 性别在"为自己的碳排放全价埋单的意愿程度"上的对比

Q：我们每个人平时坐车、乘坐飞机、购物都会产生碳排放，如果为您全部的
碳排放付费每年需要200元人民币，您个人愿意支付多少？（n = 4025）

3. 男性和女性使用共享单车的情况差异不显著

根据卡方检验结果，男性和女性在"共享单车使用情况"上不存在
显著性差异。有46.9%的男性受访者和46.4%的女性受访者表示使用过，
但均仍有超过半数的受访者表示未使用过共享单车（见图4-45）。

4. 男性和女性对共享单车出行方式的支持度不存在显著性差异

根据卡方检验结果，男性和女性"对共享单车出行方式的支持度"
不存在显著性差异。均有近93%的男性受访者和女性受访者支持共享
单车出行方式，而仅有6.9%的男性受访者和7.0%的女性受访者表示

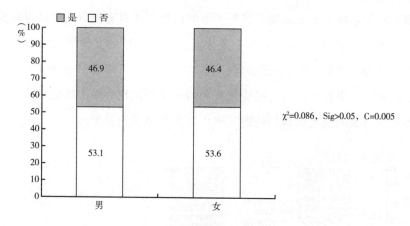

图 4 - 45　性别在"共享单车使用情况"上的对比

Q：您使用过共享单车吗？（n = 4025）

不支持（见图 4 - 46）。由此可见，男性和女性对共享单车出行方式的看法基本一致。

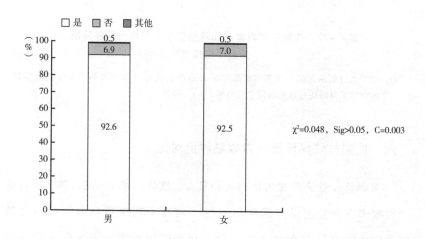

图 4 - 46　性别在"对共享单车出行方式的支持度"上的对比

Q：您支持共享单车这种出行方式吗？（n = 4025）

5. 男性比女性更了解家庭和单位安装太阳能光伏板发电的用处

根据卡方检验结果，男性和女性在"对家庭和单位安装太阳能光伏板发电用处了解情况"上存在显著性差异。64.7% 的男性受访者知道家庭和单位安装太阳能光伏板发电的用处，比具有同等认知情况的女性受访者（46.1%）高18.6个百分点。超过半数的女性受访者表示不知道（53.9%），而男性受访者仅有35.3%表示不知道（见图4-47）。由此可见，男性对应对气候变化行动的相关知识比女性了解更多，男性和女性对太阳能光伏板用处的了解程度存在显著性差异。

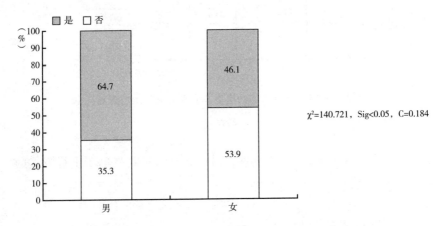

图4-47　性别在"对家庭和单位安装太阳能光伏板发电用处了解情况"上的对比

Q：您听说过如果在家中或工作单位安装太阳能光伏板（即用太阳能发电的太阳能板），发的电除了自用还可以卖给国家电网吗？（n=4025）

六　性别与气候传播效力效果评价对比

1. 男性比女性更经常通过朋友和家人、报纸、官方网站获取气候信息

根据卡方检验结果，男性和女性"对在不同渠道获取气候信息情况的使用率"上均存在显著性差异。在不同渠道中，男性受访者通过不同渠道获取气候信息的使用率均高于女性受访者。其中，男性受访者（83.7%）和女性受访者（83.5%）使用电视获取气候信息的比例最高，但相比其他渠道，性别在电视的使用率上差异显著性较低（χ^2 = 18.995）。根据卡方值可知，男女使用率差距最大的是"官方网站"，其次是"户外广告牌"和"报纸"的使用率（见图4-48）。

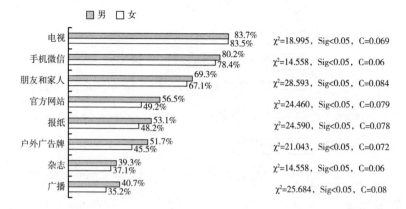

图 4-48　性别"在不同渠道获取气候信息情况的使用率"上的对比

Q：您从下面渠道获取气候变化信息的频率是多少？（n＝4025）

注："使用率"＝"一年一次或更少"＋"一年很多次"＋"至少一月一次"＋"至少一周一次"。

2. 男性比女性更期望了解"气候变化解决方案""气候变化和日常生活的关系""个人可以采取什么行动应对气候变化"

根据卡方检验结果，男性和女性对"气候变化解决方案""气候变化和日常生活的关系""个人可以采取什么行动应对气候变化"三类气候变化相关信息的了解期望存在显著性差异，其余三项无显著性差异。在本次调查中，男性受访者对气候相关信息的了解期望普遍高于女性受访者。其中，男性受访者对"个人可以采取什么行动应对气候变化"相关信息的期望了解比例（91.5%），与女性受访者期望了解比例（89.9%）之差最大。从整体上看，男性受访者和女性受访者最期望了解"气候变化影响和危害"，分别占男性受访者的94.2%和女性受访者的93.6%，其次是"气候变化解决方案"（见图 4-49）。

3. 男性比女性更信任网络意见领袖，在企业、家人和朋友、中央政府、地方政府上存在显著男女差异

根据卡方检验结果，男性和女性对"网络意见领袖""企业""家人和朋友""中央政府"和"地方政府"五类信息源的信任度存在显著性差异，其余三项无显著性差异。在男性受访者中，有17.1%的受

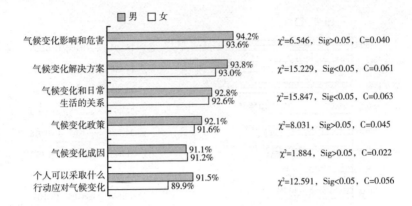

图 4 - 49　性别在"不同气候相关信息了解期望情况"上的对比

Q：以下气候变化相关的信息，您希望了解的程度如何？（n = 4025）

注："期望了解比例" = "多一点" + "一般多" + "非常多"。

访者非常信任企业发布的气候变化信息，企业发布信息是男性最信任的信息源；其次是中央政府（16.5%）。而女性最信任的气候变化信息的来源为中央政府，占女性受访者的18.1%，其次为企业（15.0%）。男性与女性相比，更多男性非常信任网络意见领袖、企业发布的气候变化信息，而更多的女性非常信任家人和朋友、中央政府发布的气候变化信息（见图4 - 50）。

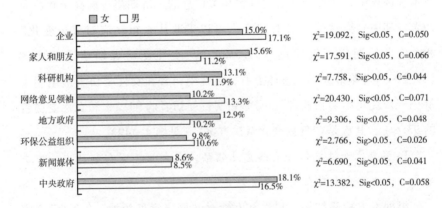

图 4 - 50　性别在"对气候变化信息发布机构或人群的信任情况"上的对比

Q：您是否相信下列机构或人群发布的气候变化信息？（n = 4025）

注：本图使用的数据是选择"非常信任"的受访者比例。

4. 女性比男性更关注环境新闻

根据卡方检验结果，男性和女性在"最关注的新闻类型"上存在显著性差异。在495名表示最关注环境新闻（如空气质量、水污染等）的受访者中，有219名男性受访者，占男性总人数的10.7%，有276名女性受访者，占女性总人数的14.0%，即更多的女性把环境新闻作为最关注的新闻类型。此外，男性比女性更关注政治新闻、科技新闻、经济新闻，而女性比男性更关注社会新闻、环境新闻、娱乐时尚新闻、明星新闻（见图4-51）。

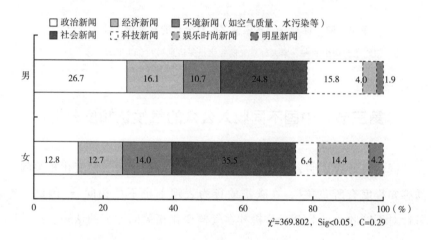

图4-51 性别在"最关注的新闻类型"上的对比

Q：您最关注哪类新闻？（n=4025）

5. 女性比男性更愿意和周围朋友、家人分享气候变化相关信息

根据卡方检验结果，男性和女性在"气候变化信息分享的意愿度"上存在显著性差异。分别有97.0%的男性受访者（1993人）和98.4%的女性受访者（1939人）表示愿意和周围朋友、家人分享气候变化相关信息，共占总人数的97.7%。仅有1.6%的女性受访者表示"不愿意"，比表示"不愿意"的男性受访者比例（3.0%）低（见图4-52）。由此可见，在气候变化信息的分享态度上，女性比男性的意愿更强。

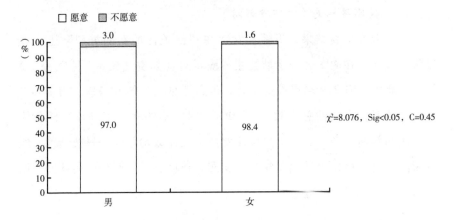

图 4 – 52　性别在"气候变化信息分享的意愿度"上的对比

Q：您愿意和周围朋友、家人分享气候变化相关信息吗？（n = 4025）

第三节　中国不同收入公众的气候认知度分析

国内有研究表明，中国不同收入水平下的公众对气候变化相关问题的感知程度有所差异[1]，在碳排放行为表现上也不尽相同。[2] 因此，本节针对不同收入的公众，分析其在气候变化相关问题上的认知、态度以及应对气候变化的行为差异。

不同收入受访者样本的基本数据分布如表 4 – 3 所示。本节的分析主要基于低档、较低档、中档、较高档和高档收入受访者的数据（即剔除对收入"拒答/不知道"的受访者数据），共 3610 个有效样本。

---

[1]　侯玲玲、王金霞、黄季焜：《不同收入水平的农民对极端干旱事件的感知及其对适应措施采用的影响——基于全国 9 省农户大规模调查的实证分析》，《农业技术经济》2016 年第 11 期，第 24～33 页。

[2]　王琴、曲建升：《1999～2009 年我国不同收入水平下的碳排放差异分析》，《生态环境学报》2012 年第 4 期，第 635～640 页。

表4-3　不同收入受访者样本的数据分布

细分人群（按家庭年总收入）	频数	百分比（%）
低档（3万元以下）	582	14.5
较低档（3万~6万元）	1024	25.4
中档（6万~9万元）	644	16.0
较高档（9万~20万元）	1041	25.9
高档（20万元以上）	319	7.9
拒答/不知道	415	10.3
有效样本量 n = 4025		

一　对气候变化问题的认知度

1. 越高收入的受访者对气候变化的了解程度越高

根据卡方检验，不同收入公众在对气候变化的了解程度上存在显著性差异。较高档和高档收入受访者中对气候变化"了解一些"和"了解很多"的比例分别为41.3%和46.7%，而这个比例在中低档收入受访者（包括低档、较低档和中档收入受访者，下同）中为31%左右，由此一定程度上说明越高收入的公众对气候变化的了解程度越高（见图4-53）。

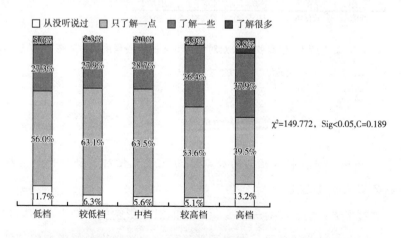

$\chi^2=149.772$，Sig<0.05,C=0.189

图4-53　越高收入的受访者对气候变化的了解程度越高

Q：您了解气候变化吗？（n = 3610）

注：因"拒答/不知道"比例较小，未纳入图中。

2. 较高收入公众对气候变化的担心程度相对更高

整体来说，不同收入公众普遍对气候变化较为担心。进一步根据卡方检验结果，不同收入者在对气候变化的担心程度上存在显著性差异。由图4-54可知，中低档收入受访者中，"有些担心"的人最多，收入越高，表示担心（包括"有些担心"和"非常担心"）的受访者比例越高，即对气候变化的担心程度也越高；较高档和高档收入受访者中"非常担心"气候变化问题的比例相对较高，分别为20.1%和18.5%。由此可见，一般来说，收入越高，公众会越担心气候变化。

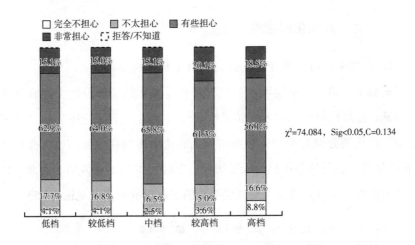

χ^2=74.084，Sig<0.05,C=0.134

图4-54 较高收入公众对气候变化的担心程度相对更高

Q：您对气候变化的担心程度是？(n=3610)

二 对气候变化影响的认知度

1. 一般来说，收入越高的公众认为气候变化对子孙后代和动植物物种的影响程度越高

通过卡方检验，在对气候变化对不同对象影响的认知上，不同收入公众之间存在显著性差异。在对子孙后代和动植物物种的影响程度认知上，低档、较低档、中档以及较高档收入受访者中，认为影响程度很大的受访者比例依次递增；而高档收入受访者中认为对其影响程度很大的

受访者比例介于较低档和中档收入比例之间。此外，和中低档收入受访者相比，较高档和高档收入受访者中认为气候变化对自己与家人、本国公众影响程度很大的比例更高（见图4－55）。由此可见，一般来说，收入越高的公众认为气候变化对子孙后代和动植物物种的影响程度越高；同时和中低收入公众相比，高收入公众中倾向于认为对本国公众、自己与家人的影响程度更高。

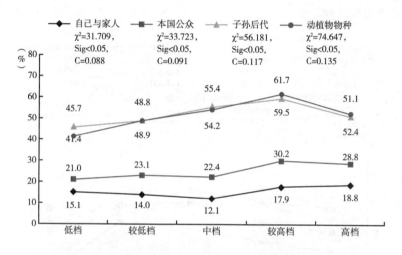

图4－55　一般来说，收入越高的公众认为气候变化对子孙
后代和动植物物种的影响程度越高

Q：您认为气候变化对以下各方的影响程度如何？（n＝3610）
注：本数据中选取的是认为影响程度"很大"的受访者比例。

2. 中档收入公众对气候变化各类问题的危机意识相对更强

未来二十年，如果中国不采取措施应对气候变化，大部分受访者均普遍认为各类气候变化问题都会增多。根据卡方检验，在对各类问题变化程度的认知上，不同收入公众之间存在显著性差异。中低档受访者都认为空气污染、疾病和干旱分别会是增加最多的前三类现象，而且从低档到较低档，再到中档，受访者认为各类现象增多的比例也依次增高（洪水、饥荒和食物短缺除外）。而较高档和高档收入受访者中除了认为"冰川消融"现象会增多的比例相对较高以外，认为其他类问题会增多的受访者比例并没有很高，尤其是高档收入受访者认为各类问题会增多的比例都较低。其中，高档收入受访者认为气候变化会导致"空气污染加剧"的比例为89.7%，低于其他收入水平受访者比例至少3.4个百分点；同时，对"动植物物种灭绝"现象，高档收入受访者中认为会增多的比例也相对较低，为77.7%（见图4-56）。由此可见，中档收入受访者对气候变化各类问题的危机意识相对更强，而低档和高档收入受访者在这些方面都有待提升。

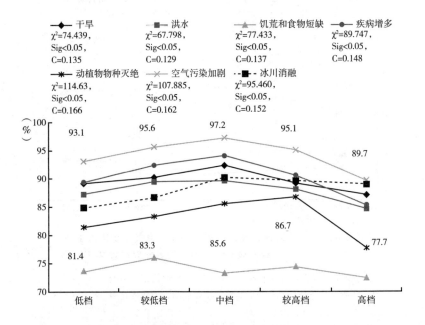

图 4-56　中档收入公众对气候变化各类问题的危机意识相对更强

Q：未来二十年，如果中国不采取措施应对气候变化，您认为气候变化会导致以下现象增多还是减少？（n=3610）

注：本图中的数据选取的是认为导致各现象"有些增加""增加很多"的受访者比例之和。

3. 低收入公众更担心疾病增多，中高收入公众更担心空气污染加剧的影响

通过卡方检验，不同收入公众最担心的气候变化影响类型之间存在显著性差异，即不同收入的受访者最担心的气候变化影响类型各有侧

重。其中，低档和较低档受访者中最担心"疾病增多"的比例最高，分别为34%和32.9%，其次是"空气污染加剧"和"干旱"；而中高档（包括中档、较高档和高档受访者，下同）收入受访者中最担心"空气污染加剧"的人最多，分别占比37.9%、37.8%和29.2%，其次是"疾病增多"和"干旱"（见图4-57）。由此总体上可见，较低档、低档收入公众更担心气候变化导致的疾病增多的问题，中高档收入公众则相对更担心空气污染加剧的影响。

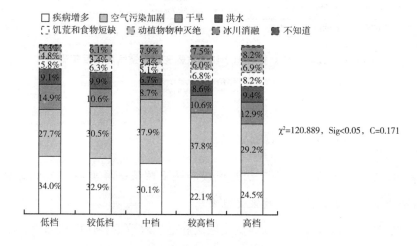

图4-57   低收入公众更担心疾病增多，中高收入公众
更担心空气污染加剧的影响

Q：您最担心哪类气候变化影响？（n=3610）

4. 高收入公众更倾向于认为气候变化和空气污染互相影响

在对气候变化和空气污染关系的认知上，根据卡方检验结果，不同收入公众之间存在显著性差异。其中，认为"气候变化与空气污染互相影响，有协同性"的高档收入受访者比例最高，为76.8%，其次依次是低档、较低档收入者，中档收入者中同意此说法的人占比最少。另外，相比其他收入水平受访者，认为"空气污染导致气候变化"的中档、较高档收入者相对更多，而认为"气候变化导致空气污染"的中低档收入受访者比例则相对更高（见图4-58）。

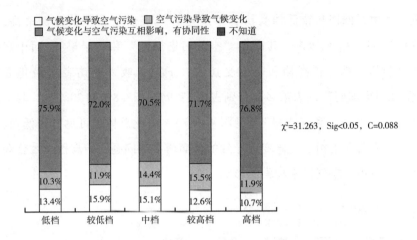

图4-58 高收入公众更倾向于认为气候变化和空气污染互相影响

Q：您赞同下面哪种说法？（n=3610）

三 对气候变化应对的认知度

1. 低收入公众更倾向于认为减缓和适应政策一样重要，而中高收入公众则倾向于认为减缓政策更重要

通过卡方检验，在对气候变化减缓和适应政策重要性的认知上，不同收入公众之间存在显著的差异。低档和较低档收入受访者中均有超过50%的人选择"一样重要"；认为减缓政策更重要的较高档收入受访者比例最高，为52.8%，其次依次是中档和高档收入受访者（见图4-59）。由此可见，低收入公众更倾向于认为应对气候变化，减缓和适应政策一样重要，而中高收入公众则倾向于认为减缓政策更重要。

2. 中档偏高收入公众更倾向于认为各角色都应该再多做一点

根据卡方检验，不同收入公众在对各角色应对气候变化问题的作用认知上有显著性差异。其中，认为政府应该多做点的中档收入受访者比例最高，为92.1%，其次是较高档收入受访者；对于媒体，中档收入受访者中有87.9%的人认为其应该发挥更多或最多的作用，高出其他收入水平受访者比例至少2.8个百分点；对于环保公益组织，除高档收

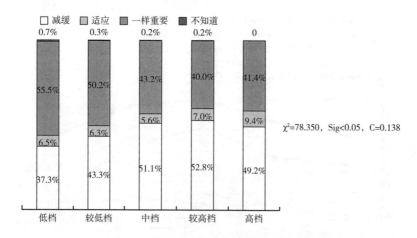

图 4 - 59　低收入公众更倾向于认为减缓和适应政策一样重要，
而中高收入公众则倾向于认为减缓政策更重要

Q：应对气候变化有减缓和适应气候变化两大对策。其中，减缓是指减少二氧化碳等温室气体的排放，是解决气候变化问题的根本出路。适应是通过调整自然和人类系统以应对干旱加剧、洪水增多等气候变化负面影响。您认为减缓和适应哪个更重要？（n = 3610）

入受访者以外，收入越高，受访者更倾向于认为环保公益组织应该在气候变化问题上再多做一点；在对企业或商业机构以及公众的作用认知上，低档、较低档收入受访者中认为其应该多做一点的比例均相对更少（见图 4 - 60）。

由此可见，整体上中等偏上收入公众更倾向于认为各角色都应该再多做一点。

3. 中档偏高收入公众相对更关注空气污染、水污染、生态保护及气候变化等环境问题

根据卡方检验结果，不同收入公众在关注度最高的问题上存在显著性差异。其中，和其他收入水平受访者相比，较高档收入受访者中在空气污染、水污染、生态保护、气候变化以及健康等各类问题上予以最高关注的人数比例均最高；而低档收入受访者中对各类问题表示应予以最高关注的比例则大多较低；另外，尽管高档收入受访者中，对空气污

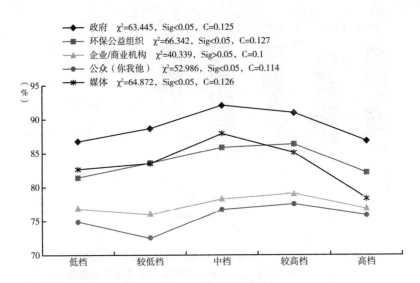

图 4 - 60　中档偏高收入公众更倾向于认为各角色都应该再多做一点

Q：下列角色在应对气候变化问题上发挥了不同程度的作用，您认为他们应该再多做还是少做点？（n = 3610）

注：本图中的数据选取的是认为各方应该做"更多"和"最多"的受访者比例之和。

染、水污染和生态保护的关注度很高的人不是最多，但其中非常关注健康、教育、经济发展和反恐方面的人相对较多。由此一定程度上可见，整体上中等偏上收入公众相对更关注空气污染、水污染、生态保护及气候变化等环境问题，而高收入公众关注这些问题的同时，也比其他较低收入公众相对更关心健康、教育、经济发展等其他社会问题（见图 4 - 61）。

4. 中档偏高收入公众更倾向于认为"空气污染"问题最重要

通过卡方检验结果，在高关注度问题的重要性认知上，不同收入公众之间存在显著性差异。整体上，"空气污染""健康"和"生态保护"被不同收入公众认为是最重要的前三类问题。中档和较高档受访者中认为"空气污染"问题最重要的比例最高，均超过 15%；高档收入受访者则在"健康""教育"和"反恐"问题上比例高于其他各档收入者（见图4 - 62）。

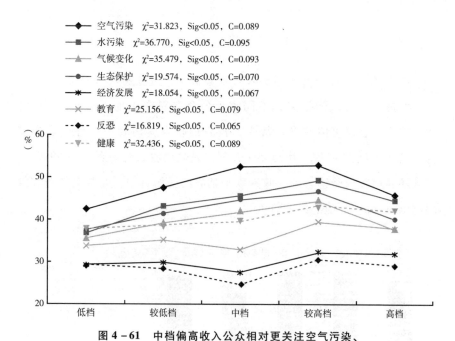

图 4 - 61　中档偏高收入公众相对更关注空气污染、水污染、生态保护及气候变化等环境问题

Q：下列是中央政府应该关注的一些问题，您认为中央对这些问题应该有怎样的关注度？（n = 3610）

注：本图中的数据选取的是认为政府对各问题有"非常高"关注度的受访者比例。

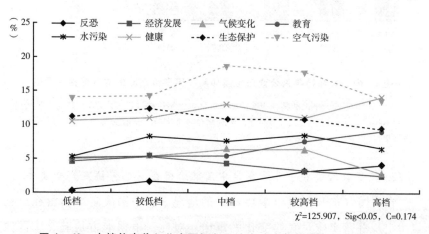

$\chi^2=125.907$，Sig<0.05，C=0.174

图 4 - 62　中档偏高收入公众更倾向于认为"空气污染"问题最重要

Q：上述您认为应该有非常高关注度的问题中，哪个是最重要的？（n = 2564）

注：本图中的基数是在"下列是中央政府应关注的一些问题，您认为中央对这些问题应该有怎样的关注度？"这一系列问题中选择"非常高"选项的受访者样本数。

四 对气候变化政策的认知度

1. 较高收入公众对中国加入《巴黎协定》的支持度相对更高

根据卡方检验的结果，不同收入公众在对中国加入《巴黎协定》的支持度上有显著性差异。其中，较高档收入受访者中，持"非常支持"意见的比例最高，为64.5%，其次是高档收入受访者，为59.9%；而且除高档收入受访者外，收入水平越高的受访者中，非常支持该政策的比例也越高（见图4-63）。

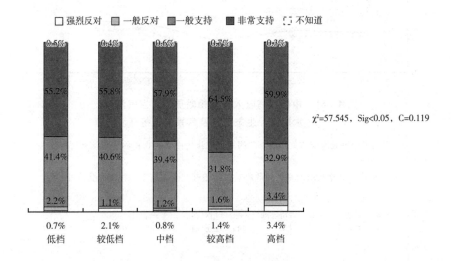

图 4-63 较高档收入公众对中国加入《巴黎协定》的支持度相对更高

Q：2015年底，中国和其他196个国家在法国巴黎达成《巴黎协定》，共同应对气候变化的挑战。中国加入《巴黎协定》，您对此是非常支持、一般支持、一般反对，还是强烈反对？（n=3610）

2. 较高收入公众中非常支持中国继续留在《巴黎协定》者更多

在美国宣布退出《巴黎协定》的情况下，中国决定继续留在《巴黎协定》并落实应对气候变化的承诺。对此，根据卡方检验，不同收入公众在对该决定的支持度上存在显著性差异。除高档收入受访者外，从低档、较低档、中档到较高档收入受访者，其中选择"非常支持"

的比例越来越高。高档收入受访者中尽管绝大部分人都支持中国继续留在《巴黎协定》,但同时有超过10%的公众对该决定持一定的反对意见。由此可见,一方面较高档收入公众中非常支持中国继续留在《巴黎协定》者较多,但另一方面高档收入水平公众对此持不同意见的人也相对更多(见图4-64)。

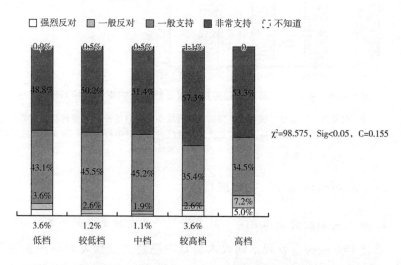

图4-64　较高收入公众中非常支持中国继续留在《巴黎协定》者更多

Q:美国是全球第二大温室气体排放国,2017年,美国宣布将退出《巴黎协定》,中国决定继续留在《巴黎协定》落实应对气候变化的承诺。您对此是非常支持、一般支持、一般反对,还是强烈反对?(n=3610)

3. 高收入公众对政府控制碳排放总量的支持度相对较低

对于政府实施控制二氧化碳总排放量的措施,绝大部分受访者都持"一般支持"或"非常支持"的态度。根据卡方检验结果,不同收入公众对该政策的支持度有显著性差异。其中,高档收入受访者中,持有反对意见的人最多,占比7.5%,同时非常支持控制碳排放总量的受访者比例最低,为54.9%,而这个比例在其他收入水平受访者中均超过60%(见图4-65)。由此可见,高档收入的受访者对政府控制碳排放总量的支持度相对较低。

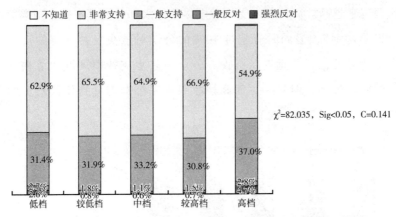

图 4 - 65 高档收入公众对政府控制碳排放总量的支持度相对较低

Q：在国内，政府对二氧化碳等温室气体排放要实行总量控制（即排放不能超过上限）。您对此是非常支持、一般支持、一般反对，还是强烈反对？（n = 3610）

五 应对气候变化行动的执行度

1. 收入越高的公众愿意为气候友好型产品支付更多的成本

通过卡方检验，发现不同收入公众在愿意为气候友好型产品支付的成本上存在显著性差异。低档、较低档、中档、较高档及高档收入受访者中愿意为气候友好型产品多支付三成及以上成本的人分别占 15.7%、16.2%、18.8%、28.4% 及 34.2%，依次增高，同时不愿意多支付成本的比例依次递减，可见，收入越高的公众，购买气候友好型产品的意愿更强（见图 4 - 66）。

2. 收入较高的公众更愿意为自己的碳排放全价埋单

根据卡方检验的结果，不同收入的公众在为自己碳排放埋单的意愿上存在显著性差异。收入水平越高的受访者愿意为自己的碳排放支付 200 元的比例越高，其中高档收入受访者愿意支付 200 元的占 47.6%，其次是较高档和中档收入被访者，分别为 35.4% 和 25.3%。由此可见，收入较高的公众更愿意为自己的碳排放全价埋单（见图 4 - 67）。

3. 收入越高的公众使用过共享单车的可能性越高

根据卡方检验的结果，在共享单车使用经历上，不同收入公众之间

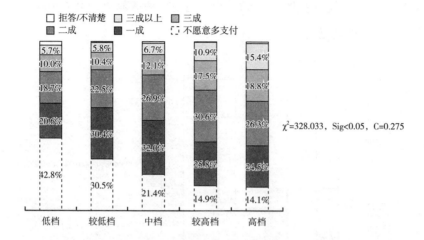

图4-66   收入越高的公众愿意为气候友好型产品支付更多的成本

Q：如果购买气候友好型产品（对应对气候变化有贡献的产品）需要花更多的钱，如风能、太阳能产品、绿色建筑（即从建筑的建材选择、修建施工到装修和销售的全过程，最大限度地节约资源、保护环境和减少污染）等，您最多愿意多支付几成的价格？（n＝3610）

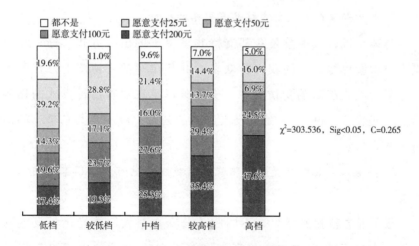

图4-67   收入较高的公众更愿意为自己的碳排放全价埋单

Q：我们每个人平时坐车、乘坐飞机、购物都会产生碳排放，如果为您全部的碳排放付费每年需要200元人民币，您个人愿意支付多少？（n＝3610）

存在显著性差异。中低档收入受访者中，使用过共享单车的受访者比例均低于50%，而较高档和高档收入受访者中使用过共享单车的人分别有59.2%和73%（见图4-68）。由此可见，收入越高的公众使用过共享单车的可能性越高。

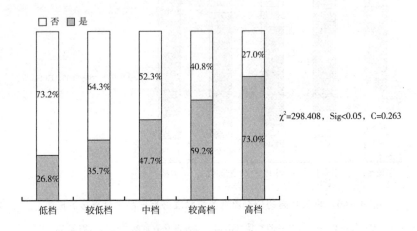

$\chi^2=298.408$，Sig<0.05，C=0.263

图4-68 收入越高的公众使用过共享单车的可能性越高

Q：您使用过共享单车吗？（n=3610）

4. 收入越高的公众越支持共享单车的出行方式

整体来说，大多数公众都支持共享单车的出行方式。进一步根据卡方检验可知，不同收入公众在对共享单车的支持度上存在显著性差异。收入越高的受访者中，支持共享单车这种出行方式的比例越高（见图4-69）。可见，收入越高的公众，越支持共享单车的出行方式。

5. 高收入公众中听说过太阳能光伏板发的电可卖给国家电网的人更多

根据卡方检验的结果，不同收入公众在对太阳能光伏板发电的认知上存在显著性差异。较高档和高档收入受访者中，均有超过60%的人听说过家中或工作单位安装太阳能光伏板，发的电不仅能自用还可以卖给国家电网；另外，从低档收入到较高档收入受访者，听说过太阳能光伏板发的电可卖给国家电网的比例越来越高（见图4-70）。

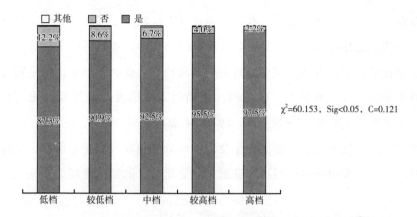

图4-69 收入越高的公众更支持共享单车的出行方式

Q：您支持共享单车这种出行方式吗？（n＝3610）

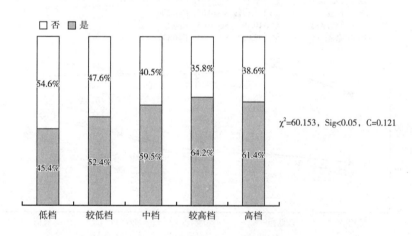

**图4-70 高收入公众中听说过太阳能光伏板发的电可卖给
国家电网的人更多**

Q：您听说过如果在家中或工作单位安装太阳能光伏板（即用太阳能发电的太阳能板），发的电除了自用还可以卖给国家电网吗？（n＝3610）

六 气候传播效力效果评价

1. 高收入者更倾向于通过手机微信获取气候变化信息，中低收入者更多通过电视获取气候变化信息

整体来说，受访者主要通过手机微信、电视以及朋友和家人等渠道获取有关气候变化的信息。此外，通过卡方检验，不同收入公众在媒体使用情况上存在显著性差异。收入越高的公众中，通过手机微信获取气候变化信息的人越多。其中，较高档和高档收入受访者中其比例分别为87%和91.2%。而低档、较低档和中档收入受访者获取气候变化信息的主要渠道是电视，分别占76.1%、84.2%和82.8%（见图4-71）。可见，高档收入受访者更倾向于使用手机微信获取气候变化信息，而较低收入受访者中使用电视渠道获取气候变化信息的频率更高。

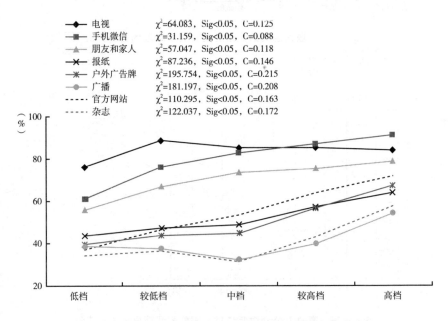

图4-71　高收入者更倾向于通过手机微信获取气候变化信息，中低收入者更多通过电视获取气候变化信息

Q：您从各渠道获取气候变化信息的频率是多少？（n=3610）

注：本图中的数据选取的是使用各媒介"一年一次或更少""一年很多次""至少每月一次""至少每周一次"的受访者比例之和。

2. 收入越高的公众，对各气候相关信息的了解期望程度越高

根据卡方检验的结果，不同收入公众在对各类气候变化相关信息期望了解的程度上，存在显著性差异。收入越高的受访者中，对"气候变化影响和危害""气候变化解决方案""个人可以采取什么行动应对气候变化"以及"气候变化成因"等相关信息希望了解"非常多"的比例也越高；其中，各收入水平受访者对"气候变化影响和危害"的了解期望最高，尤其是高档收入受访者，期望对此了解"非常多"的比例达到32%。另外，低档收入受访者中对"气候变化和日常生活的关系""气候变化政策"期望了解"非常多"的比例均相对高于较低档收入受访者（见图4-72）。整体来看，收入越高的公众，对各类气候相关信息的了解期望程度越高。

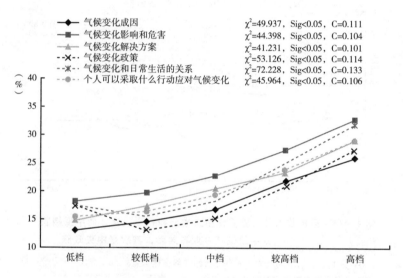

图4-72　收入越高的公众，对各气候相关信息的了解期望程度越高

Q：以下气候变化相关的信息，您希望了解的程度如何？（n=3610）

注：本图中的数据选取的是希望了解"非常多"的受访者比例。

3. 高档收入公众更信任中央政府和科研机构，而中低档收入公众中最信任企业者居多，其次是中央政府

根据卡方检验的结果，不同收入公众在最信任的信源上有显著性差异。较高档和高档收入受访者中对中央政府非常信任的比例都最高，分别为17.8%和32.3%，其次是科研机构、家人和朋友；在低档、较低档和中档收入受访者中，非常信任企业的人最多，占比分别为19.8%、17.9%和18.9%，其次是中央政府、家人和朋友；相较于其他收入水平受访者，中档收入受访者中非常信任网络意见领袖的人最多，占 14.4%（见图 4 - 73）。由此整体上可见，高档收入公众更信任中央政府和科研机构，而中低收入公众中最信任企业者居多，其次是中央政府。

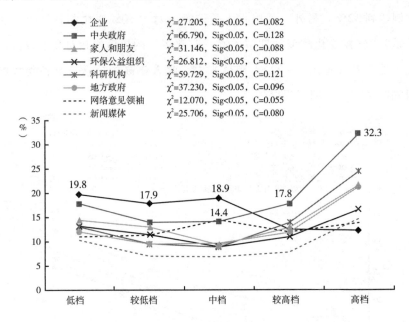

图 4 - 73　高档收入公众更信任中央政府和科研机构，而中低档收入公众中最信任企业者居多，其次是中央政府

Q：您是否相信下列机构或人群发布的气候变化信息？（n = 3610）
注：本图中的数据选取的是对各信源"非常信任"的受访者比例。

4. 较低档收入公众对社会新闻关注度相对更高

通过卡方检验，不同收入受访者在最关注的新闻类型上存在显著性差异。整体上，不同收入水平受访者中最关注社会新闻的比例均最高，尤其是较低档收入受访者，其中最关注社会新闻的人占 36.2%。中低档收入受访者中最关注政治新闻的人较多，仅次于其最关注社会新闻的受访者比例；而高档收入受访者中最关注经济新闻的人则相对更多，占 19.7%（见图 4 - 74）。由此可见，较低档收入的公众对社会新闻关注度更高，而且除高档收入公众相对更关心经济新闻外，其他收入水平公众对政治新闻的关注度仅次于其对社会新闻的关注度。

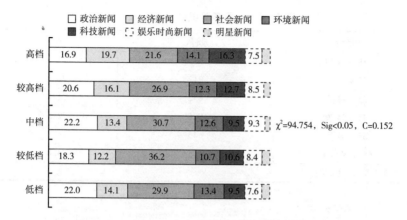

图 4 - 74 较低档收入公众对社会新闻关注度相对更高

Q：您最关注哪类新闻？（随机顺序提问，单选）（n = 3610）

第四节 基于年龄的中国气候认知度分析

气候变化议题与不同年龄层公众的生活、工作息息相关。但对不同年龄阶段的公众来说，他们的人生经历、学识背景、人生目标、兴趣爱好、行为习惯等因素本身存在差异，因此他们对气候变化现象的认知、应对气候变化的行为措施以及对自身应承担的责任认知会存在差异。在信息化时代，如何利用信息高速公路这一有效的传播手段，提升公众对气候变化的认知度，引导更多人关注气候变化相关信息，并加入到改善气候的队伍中，对此，需要从年龄维度进行细分研究。

本节将年龄作为研究重点，从六个不同维度，分析不同年龄段公众对中国气候变化的认知和行为偏向。本研究将4025名受访者按年龄层次分为6组，分别是：18～24岁、25～34岁、35～44岁、45～54岁、55～64岁、65岁及以上。其中，25～34岁受访者人数最多，占总人数的比例为22.7%，其次是45～54岁的受访者（占22.5%），详细数据见表4－4。

表 4-4　不同年龄组公众数据分布

年龄	频数	百分比(%)
18~24 岁	515	12.8
25~34 岁	912	22.7
35~44 岁	852	21.2
45~54 岁	906	22.5
55~64 岁	645	16.0
65 岁及以上	195	4.8

有效样本量 n=4025

一　年龄与气候变化问题的认知度对比

1. 35~44 岁的公众比其他年龄组公众更了解气候变化

根据卡方检验结果，在 5% 的水平下，皮尔逊卡方值 χ^2 为 78.173，原假设 H0 的概率小于 0.05（Sig < 0.05），列联系数 C 为 0.138，说明不同年龄段的公众在对"气候变化"的了解情况上存在显著性差异。从整体来看，不同年龄段中，受访者了解气候变化的比例均超过九成。其中，93.8% 的 35~44 岁受访者表示了解气候变化，在六个年龄段组中比例最高，其次是 55~64 岁年龄组的受访者（93%）和 45~54 岁年龄组的受访者（92.7%）。表示"了解很多"和"了解一些"的最高受访者比例均是 35~44 岁年龄组的受访者，45~54 岁年龄组的受访者表示"只了解一点"的比例比其他年龄人群高，为 63.5%（见图 4-75）。

2. 35~44 岁的公众对正在发生的气候变化的感知力更强

根据卡方检验结果，不同年龄组的公众对气候变化的感知力存在显著性差异。由图 4-76 可知，35~44 岁年龄组的受访者中认为"气候正在发生变化"的比例最高（95.8%），18~24 岁年龄组和 25~34 岁年龄组的受访者持相同观点的比例均超过 95.0%，分别位列第二、第三。年龄较大的三组受访者对气候变化正在发生的现状认知度相对较低，其中仅有 91.3% 的 65 岁及以上的受访者感知到了气候变化的发生。

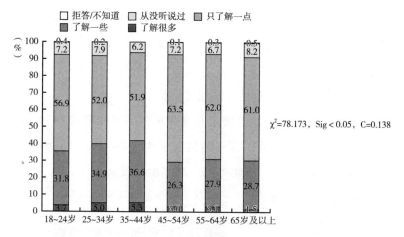

图4-75 不同年龄组在"气候变化了解程度"上的对比

Q：您了解"气候变化"吗？（n=4025）

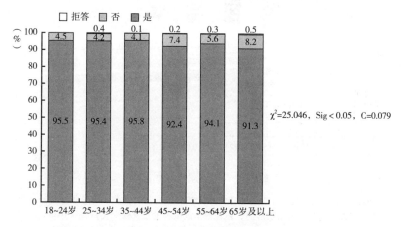

图4-76 不同年龄组在"气候是否正在变化"上的对比

Q：气候变化是指近百年来全球平均气温不断上升，全球气候正在发生以变暖为主要特征的变化。您认为气候变化正在发生吗？（n=4025）

3. 65岁以上的公众比其他年龄组公众更倾向于认为气候变化"主要由人类活动引起"

根据卡方检验结果，不同年龄组的公众在"气候变化引起原因"问题上的认知存在显著性差异。认为"主要由人类活动引起"比例最高的为65岁及以上年龄组（69.2%），其次是55～64岁年龄组的受访者（67.6%）。35~44岁年龄组的受访者中认为"主要由环境自发变化引起"的比例在几个年龄组中最高（13.0%），其次是占比为11.5%的25~34岁年龄组。有22.6%的65岁及以上年龄组的受访者认为两种原因都会引起气候变化，比其他年龄组比例高。

若将六个年龄段分为低年龄组和高年龄组，低年龄组包括18~24岁、25~34岁、35~44岁，高年龄组包括45~54岁、55~64岁、65岁及以上（见图4-77）。由此可见，高年龄组受访者中，认为气候变化"主要由人类活动引起"的比例高于低年龄组。

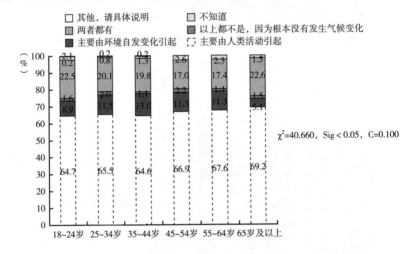

图4-77 不同年龄组在"气候变化引起原因"上的认知对比

Q：假设气候变化正在发生，您认为气候变化主要由人类活动引起、由环境自发变化引起、由其他因素引起的，还是根本就没有发生气候变化？（n=4025）

注：低年龄组包括18~24岁、25~34岁、35~44岁；高年龄组包括45~54岁、55~64岁、65岁及以上。

4. 各年龄组的公众担心气候变化的程度无显著性差异

根据卡方检验结果，不同年龄组的公众对气候变化的担心程度不存在显著性差异。在不同年龄组的受访者中，表示对气候变化担心（包括非常担心、有些担心、不太担心）的比例均高于95%，65岁及以上的受访者比例最高，为97.9%，其次是35~44岁年龄组的受访者（97.5%），说明不同年龄受访者对气候变化担心程度的差异不显著。有18.3%的55~64岁年龄组的受访者表示"非常担心",有64.9%的25～34岁年龄组的受访者表示"有些担心",均为持该种观点比例最高的年龄组(见图4－78)。

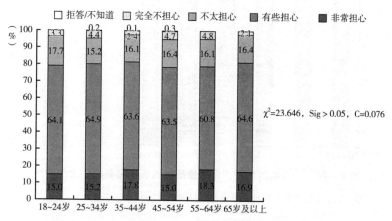

图4－78 不同年龄组在"对气候变化担心程度"上的对比

Q:您对气候变化的担心程度。(n＝4025)

二 年龄与气候变化影响的认知度对比

1. 65岁及以上的公众经历过气候变化影响的比例比其他年龄组公众高

根据卡方检验结果,不同年龄组的公众在"是否经历过气候变化影响"问题上的认知情况存在显著性差异。有超过八成的65岁及以上的受访者经历过气候变化影响,所占比例最高(82.6%),而仅有不到七成的18～24岁年龄组的受访者认为经历过气候变化的影响(68.2%)(见图4－79)。

2. 各年龄组公众在气候变化对动植物物种的影响程度上的认知差异更显著

根据卡方检验结果,不同年龄组的公众在"气候变化对各方影响程度"问题上的认知均存在显著性差异。其中,在对动植物物种、子孙后代所受影响的认知上差异较大,卡方值分别为 $\chi^2 = 32.409$ 和 $\chi^2 = 32.379$。[①] 具体

---

① 在卡方检验中,在相同的自由度下,卡方值 χ^2 越大,差异显著性越大。

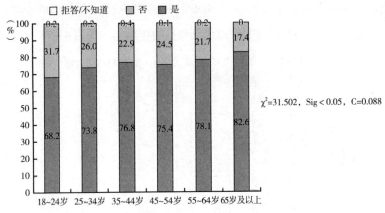

图4-79　不同年龄组在"是否经历过气候变化影响"上的对比

Q：您个人经历过气候变化影响吗？（n＝4025）

来说，25～34岁和18～24岁年龄组的受访者认为气候变化对动植物物种的影响很大的比例分别为58.11%、57.48%，高于其他年龄组受访者；35～44岁年龄组的受访者认为气候对变化对子孙后代的影响很大的比例最高，为56.81%，而认为对本国公众和自己与家人有很大影响的比例相对较低（见图4-80）。

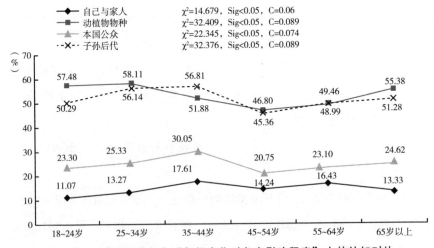

图4-80　不同年龄组在"气候变化对各方影响程度"上的认知对比

Q：您认为气候变化对以下各方的影响程度如何？（n＝2116）

注：本数据中选取的是认为影响程度"很大"的受访者比例。

3. 各年龄组的公众认为气候变化会导致"动植物种类灭绝"增多的认知差异最显著

根据卡方检验结果，当被问及"未来二十年，如果中国不采取措施应对气候变化，您认为气候变化会导致以下现象增多还是减少"时，不同年龄组的公众在"冰川消融""动植物种类灭绝""饥荒和食物短缺"上均存在显著性差异（见图4-81）。不同年龄组的公众对"动植物种类灭绝"现象会增加的认知差异最大（$\chi^2 = 152.169$），其次是"冰川消融"（$\chi^2 = 109.559$）。其中，在"饥荒和食物短缺""动植物种类灭绝"的影响认知上，45~54岁年龄组的受访者认为气候变化造成这两类现象增加的比例都最低，而18~24岁年龄组的受访者比例最高。这在一定程度上反映出年轻群体在这两个方面的忧患意识相对更高。

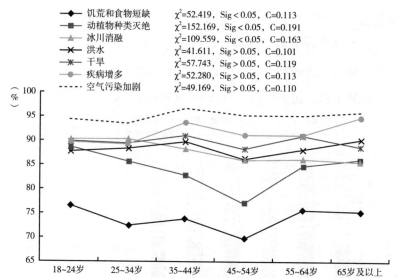

图4-81　不同年龄组在"如果中国不采取措施应对气候变化，气候变化会导致各类现象增加"上的认知对比

Q：未来二十年，如果中国不采取措施应对气候变化，您认为气候变化会导致以下现象增多还是减少？（n = 4025）

注：本图中的数据是"有些增加""增加很多"比例之和。

4. 年龄越高的公众越担心"疾病增多"，年龄越低的公众越担心"空气污染加剧"和"冰川消融"

根据卡方检验结果，不同年龄段的公众在"最担心的气候变化影响类型"上存在显著性差异。其中，最担心的气候变化影响为"疾病增多"的比例大致呈现随年龄增长而增大的趋势，从 18～24 岁年龄组的 22.1% 上升到 65 岁及以上年龄组的 46.2%。此外，最担心"洪水"的比例大致随年龄增长而增加，其中，最担心"洪水"比例最高的为 55～64 岁年龄组的受访者（12.2%）。

大致呈现比例随年龄增长而下降趋势的有"冰川消融""饥荒和食物短缺""动植物种类灭绝"（仅个别年份出现趋势外的变动）。在 18～24 岁年龄组的受访者中，最多人担心的是"空气污染加剧"，所占比例为 35.0%。最担心"空气污染加剧"比例最高的是 35～44 岁年龄组的受访者（37.6%），而 45～54 岁、55～64 岁、65 岁及以上三个年龄组的受访者中，最担心"空气污染加剧"的比例依次减少。

各年龄组受访者对"干旱"的担心比例相近，其中 55～64 岁年龄组的受访者中担心比例最高（11.5%）（见图 4－82）。

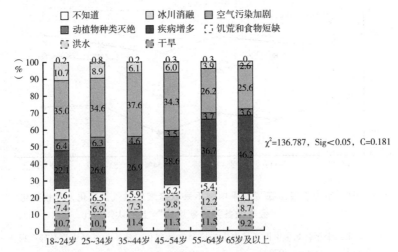

图 4－82　不同年龄组在"最担心的气候变化影响类型"上的对比

Q：您最担心哪类气候变化影响？（n＝4025）

5. 65 岁及以上年龄组的公众比其他年龄组的公众更认为"气候变化与空气污染互相影响,有协同性"

根据卡方检验结果,不同年龄组的公众在"气候变化与空气污染关系的认知情况"上存在显著性差异。各年龄组认为"气候变化与空气污染相互影响,有协同性"的受访者比例均超七成,65 岁及以上年龄组的受访者比例最高(75.9%)。25~34 岁年龄组的受访者中认为空气污染导致气候变化的比例比其他年龄组高,占比为 16.7%。认为气候变化导致空气污染的受访者比例最高的为 65 岁及以上年龄组,比例为 18.5% (见图 4-83)。

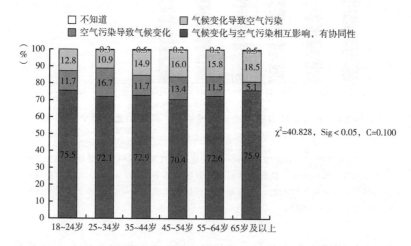

图 4-83 不同年龄组在"气候变化与空气污染关系的认知情况"上的对比

Q:您赞同下面哪种说法?(n=4025)

三 年龄与气候变化应对的认知度对比

1. 各年龄组公众对减缓措施和适应措施的重要性认知无显著性差异

根据卡方检验结果,不同年龄段的公众在"应对气候变化,减缓和适应哪个更重要"问题上不存在显著性差异。在各年龄组的受访者中,均有超过四成的受访者认为气候变化减缓措施和适应措施一样重要,其中,65 岁及以上年龄组的受访者中认为减缓措施和适应措施一样重要的比例最高（55.9%），其次是 55～64 岁年龄组（47.6%）。认为减缓措施更重要的比例最高的是 45～54 岁年龄组（49.6%），18～24 岁年龄组的受访者中认为适应措施更重要的比例为 7.8%，比其他年龄组的受访者占比高（见图 4-84）。

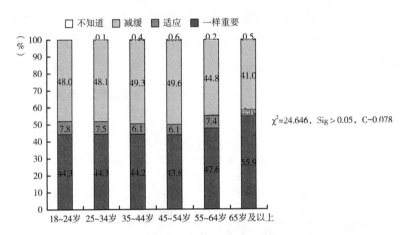

图 4-84 不同年龄组在"应对气候变化，减缓和适应哪个更重要"
问题上的认知对比

Q：应对气候变化有减缓和适应气候变化两大对策。其中，减缓是指减少二氧化碳等温室气体的排放，是解决气候变化问题的根本出路。适应是通过调整自然和人类系统以应对干旱加剧、洪水增多等气候变化负面影响。您认为减缓和适应哪个更重要？（n=4025）

2. 各年龄组公众在政府、媒体、企业/商业机构应该为气候变化发挥作用的程度上认知差异显著

根据单因素方差分析结果，不同年龄组的公众在"政府""企业/商业机构""媒体"三个角色在气候变化问题上应发挥作用的程度上认知存在显著性差异，对于其余角色应发挥作用的态度差异不显著。由均值可知，各年龄段的受访者认为五个角色在应对气候变化问题上，需要发挥作用程度均高于"3"即"正合适"，即都应该发挥更多作用。其中，各年龄组受访者均认为政府应比其他角色发挥更多的作用，其中 35～44 岁年龄组的受访者和 65 岁及以上年龄组的受访者均给予最高分 4.18。各年龄组的受访者对媒体应发挥作用的程度存在较明显的差异，

如18～24岁年龄组的受访者认为媒体应发挥作用的程度最低，为3.81，而65岁及以上年龄组的受访者认为媒体应发挥作用的程度比其他年龄组高，平均值为4.05。同时，不同年龄组的受访者认为"公众（你我他）""企业/商业机构"和"环保公益组织"应该发挥的作用差异较小（见图4－85）。

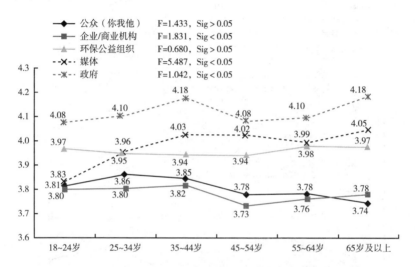

图4－85 不同年龄组在"各角色在气候变化问题上应发挥作用的程度"问题上的认知对比

Q：下列角色在应对气候变化问题上发挥了不同程度的作用，您认为他们应该再多做还是少做点？（n＝4025）

注：本数据中，将"不知道、最少、更少、正合适、更多、最多"的关注度分别赋值为"0，1，2，3，4，5"，即最高关注度为5，最低关注度为0，最终求得各均值。

3. 各年龄组公众对中央应给予空气污染、气候变化的关注程度的认知无显著性差异

由图4－86中的折线变化趋势可见，在各年龄段受访者中，空气污染的关注度平均分都最高，其中，35～44岁年龄组的受访者认为中央对该问题应给予的关注度均高于其他年龄组，而反恐和经济发展的关注度平均分均列倒数第一、二位。由此可见，各年龄组公众均认为空气污染是中央应给予最多关注的问题，相比之下，认为中央应该给予反恐和经济发展的关注程度较低。根据方差检验可知，各年龄组的公众在中央对空气污染和气候变化问题应给予的关注程度上认知差异不显著，而在中央对反恐、经济发展、教育、健康、生态保护、水污染六个问题应给予的关注度上存在显著性差异；此外，不同年龄组公众认为中央应给予教育问题关注程度的差异比其他问题更明显。

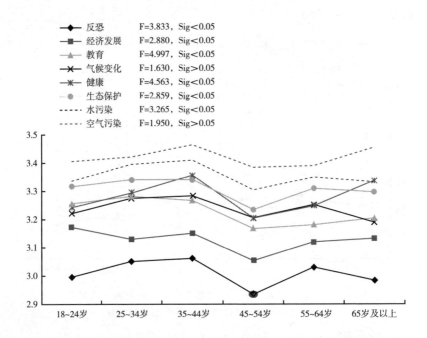

图 4 - 86　不同年龄组在"中央应给予不同问题的关注程度"上的认知对比

Q：您认为中央对以下问题应该有怎样的关注度？（n = 4025）

注：本数据中，将"低""中""高""非常高"的关注度分别赋值为"1，2，3，4"，即最高关注度为4，最低关注度为1，最终求得各均值。

4. 相比其他年龄的公众，55～64岁年龄组的公众更倾向于认为"空气污染"最重要，65岁及以上年龄组的公众更倾向于认为健康、生态保护最重要

根据卡方检验结果，不同年龄组的公众在对八个须高度关注的问题的重要性认知上存在显著性差异。本题共有 2564 名受访者回答，各年龄组受访者对下列八个问题的重要性有不同的认知。"空气污染""生态保护""健康"是各年龄组受访者认为最重要比例较高的三类

问题。其中，认为"空气污染"最重要比例最高的是 55~64 岁年龄组的受访者（26.2%），认为"生态保护"和"健康"最重要比例最高的是 65 岁及以上年龄组的受访者，所占比例分别是 24.1% 和28.6%。相对于其他问题，在"健康"问题上更能呈现出年龄越高的受访者认为最重要的比例越高的整体趋势。年龄较低的受访者认为"教育"问题最重要的比例更高，如有 12.2% 的 25~34 岁年龄组的受访者选择"教育"（见图 4-87）。

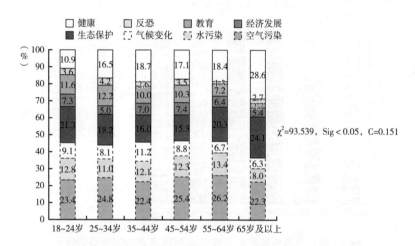

图 4-87　不同年龄组在"非常高关注度的问题中，哪个最重要"上的认知对比

Q：上述您认为应该有非常高关注度的问题中，哪个是最重要的？（n=2564）

注：本图中的基数是在"下列是中央政府应该关注的一些问题，您认为中央对这些问题应该有怎样的关注度？"这一调查中针对各个选项选择"非常高"的受访者样本数。

四　年龄与气候变化政策的认知度对比

1. 各年龄组公众对中国于 2015 年底加入《巴黎协定》决定的支持态度无显著差异

根据卡方检验结果，不同年龄段的公众在"对中国 2015 年加入《巴黎协定》决定的态度"上不存在显著差异。在六个年龄组中，35~44岁年龄组的受访者表示对中国于 2015 年底加入《巴黎协定》决定"非常支持"的比例最高（61.3%），其次是 25～34 岁年龄组受访者。表示"一般支持"比例最高的是 65 岁及以上年龄组受访者，比例为44.6%。若将"非常支持"和"一般支持"之和相加得到总支持比例，不同年龄组中均有比例超过 95.0% 的受访者支持此政策，且各年龄组支持情况差异不大。其中，65 岁及以上年龄组受访者的支持比例最高，为97.4%（见图 4－88）。

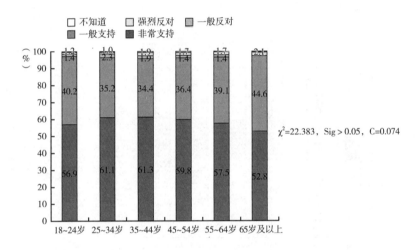

图 4－88 不同年龄组在"对中国 2015 年加入《巴黎协定》决定的态度"上的对比

Q：2015 年底，中国和其他 196 个国家在法国巴黎达成《巴黎协定》，共同应对气候变化的挑战。中国加入《巴黎协定》，您对此是非常支持、一般支持、一般反对，还是强烈反对？（n＝4025）

2. 65 岁及以上年龄组的公众比其他年龄组公众更支持中国继续留在《巴黎协定》落实承诺

根据卡方检验结果，不同年龄组的公众在"对中国留在《巴黎协定》落实承诺的态度"上存在显著性差异。在 25～34 岁年龄组受访者中，有更多的人"非常支持"中国继续留在《巴黎协定》落实承诺（56.6%），受访者比例高于其他的年龄组。65 岁及以上年龄组受访者中表示"一般支持"的比例最高，为 50.8%，其次是 55～64 岁年龄组（44.5%）。若将"一般支持"和"非常支持"比例相加得到支持的总比例，那么在六个年龄组的受访者中，65 岁及以上年龄组受访者对此政策支持比例最高，为 97.0%（见图 4-89）。

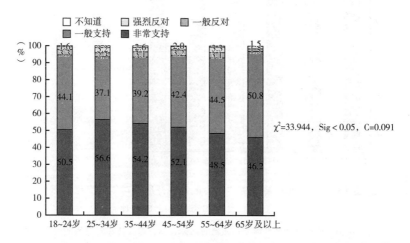

图 4-89 不同年龄组在"对中国留在《巴黎协定》落实承诺的态度"上的对比

Q：美国是全球第二大温室气体排放国，近期，美国宣布将退出《巴黎协定》，中国决定继续留在《巴黎协定》落实应对气候变化的承诺。您对此是非常支持、一般支持、一般反对，还是强烈反对？（n = 4025）

3. 各年龄组的公众对中国政府开展应对气候变化国际合作的态度无显著性差异

根据卡方检验结果，不同年龄组的公众在"对中国政府开展应对气候变化国际合作的态度"上不存在显著性差异。有 97.9% 的 65 岁及以上年龄组受访者支持中国政府开展应对气候变化国际合作的决定，在各年龄组受访者中比例最高。35 ~ 44 岁年龄组的受访者支持比例最低，为 95.9%。表示"非常支持"比例最高的是 25 ~ 34 岁年龄组受访者（56.3%）（见图 4-90）。

4. 各年龄组的公众对政府实行二氧化碳等温室气体排放总量控制政策的支持态度无显著性差异

根据卡方检验结果，不同年龄组的公众在"对政府实行二氧化碳等温室气体排放总量控制政策的支持度"上不存在显著性差异。各年龄段受访者表示"非常支持"的比例均超过六成，其中 35 ~ 44 岁年龄组的受访者的

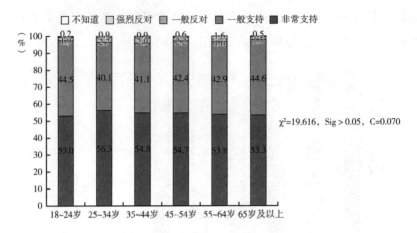

图 4 - 90　不同年龄组在"对中国政府开展应对气候变化国际
合作的态度"上的对比

Q：中国政府努力开展气候变化领域的国际合作，即支持相对贫困的发展中国
家减缓和适应气候变化。您对此是非常支持、一般支持、一般反对，还是强烈反
对？（n = 4025）

比例最高，为 67.0% ，其次是 25 ~ 34 岁年龄组的受访者（65.0%），"非常
支持"比例最低的是 45 ~ 54 岁年龄组的受访者（63.2%）（见图 4 - 91）。

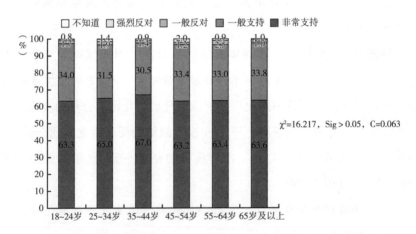

图 4 - 91　不同年龄组在"对政府实行二氧化碳等温室气体排放总量控制
政策的支持度"上的对比

Q：在国内，政府对二氧化碳等温室气体排放要实行总量控制（即排放不能超
过上限）。您对此是非常支持、一般支持、一般反对，还是强烈反对？（n = 4025）

5. 各年龄组的公众对"建立全国碳排放权交易市场"的减缓措施的支持态度差异最显著

根据卡方检验结果，不同年龄组的公众对政府采取的"加快太阳能、风能等清洁能源发展""实施节能产品惠民工程，推广使用高效节能空调、绿色照明等""建立全国碳排放权交易市场""每年六月组织全国低碳日，开展低碳宣传""启动低碳城镇、低碳社区试点""减少燃煤电厂污染排放"六项减缓措施的支持态度存在显著性差异，对其余两项措施的支持情况无显著性差异。在问及对政府采取各项减缓措施的态度时，除了"建立全国碳排放权交易市场"，各年龄组的受访者对其他七项减缓措施表示支持的比例均超过90.0%。由柱状图可见，受访者支持"建立全国碳排放权交易市场"的比例随着年龄的增长而减少，18~24岁年龄组的受访者中表示支持的比例高于90.0%，而65岁及以上年龄组的受访者支持比例不到80.0%（见图4-92）。

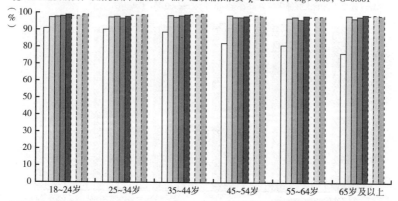

□ 建立全国碳排放权交易市场 χ^2=106.806，Sig < 0.05，C=0.161
□ 每年六月组织全国低碳日，开展低碳宣传 χ^2=57.852，Sig < 0.05，C=0.119
▨ 启动低碳城镇、低碳社区试点 χ^2=47.356，Sig < 0.05，C=0.108
▨ 减少燃煤电厂污染排放 χ^2=49.887，Sig < 0.05，C=0.111
■ 鼓励购买小排量汽车、节能汽车、新能源车辆 χ^2=27.382，Sig > 0.05，C=0.082
⬚ 实施节能产品惠民工程，推广使用高效节能空调、绿色照明等 χ^2=80.553，Sig < 0.05，C=0.140
▨ 加快太阳能、风能等清洁能源发展 χ^2=41.006，Sig < 0.05，C=0.100
▨ 引导适度消费，鼓励使用节能低碳产品，遏制铺张浪费 χ^2=26.551，Sig > 0.05，C=0.081

图4-92 不同年龄组在"对政府采取各项减缓措施的支持程度"上的对比

Q：您对政府采取的各项减缓措施，是非常支持、一般支持、一般反对，还是强烈反对？（n = 4025）

注：本数据选取"一般支持"和"非常支持"比例，相加之和得到支持比例。

6. 各年龄组的公众对政府采取"加大沿海地区海洋生态修复力度"的适应措施支持态度差异最显著

根据卡方检验结果，不同年龄组的公众对政府采取的"加强防灾减灾基础设施建设""气候变化对生物多样性影响的跟踪监测与评估""城市内涝风险预警""加大沿海地区海洋生态修复力度""气候适应型农业（农业病虫害防治、节水灌溉、保护性耕作）""制定气候变化影响人群健康应急预案"六项适应措施的支持情况存在显著性差异。根据卡方检验结果，各年龄段的公众对政府采取"加大沿海地区海洋生态修复力度"的适应措施支持态度差异最显著（$\chi^2 = 80.929$）。除了对"加强防灾减灾基础设施建设"的支持比例都低于 50.0% 以外，各年龄组的受访者对其他六项适应措施的支持比例均超过 90.0%。其中，65 岁及以上年龄组的受访者对"城市内涝风险预警"和"气候适应型农业（农业病虫害防治、节水灌溉、保护性耕作）"的支持比例最高，均为 99.0%（见图 4-93）。

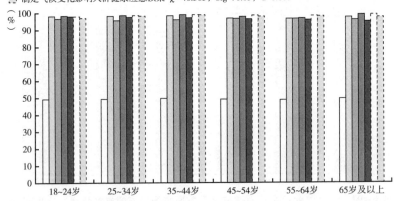

图 4-93 不同年龄组在"对政府采取各项适应措施的支持比例"上的对比

Q：您对政府采取的各项适应措施，是非常支持、一般支持、一般反对，还是强烈反对？（n = 4025）

注：本数据选取"一般支持"和"非常支持"比例，相加之和得到支持比例。

7. 各年龄组的公众对学校开展气候变化相关教育的支持态度差异不显著

根据卡方检验结果，不同年龄组的公众在"对学校开展气候变化相关教育的态度"上不存在显著性差异。各年龄组受访者中，均有超过七成的受访者表示"非常支持"，其中有79.2%的35~44岁年龄组的受访者表示非常支持，所占比例最高，其次是25~34岁年龄组的受访者（78.8%）（见图4-94）。

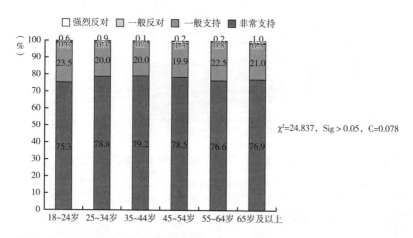

图4-94 不同年龄组在"对学校开展气候变化相关教育的态度"上的对比

Q：您支持学校教育孩子们学习气候变化的成因、影响和解决方案吗？（n=4025）
注：选择"拒答/不知道"的未在图中显示。

五 年龄与气候变化行动的执行度对比

1. 25~34岁年龄组的公众更愿意多支付钱购买气候友好型产品

根据卡方检验结果，不同年龄段的公众在"多支付几成钱购买气候友好型产品的意愿"上存在显著性差异。在25~34岁年龄组的受访者中，超过八成表示愿意多花钱购买气候友好型产品，所占比例最高（82.2%），其次是18~24岁年龄组的受访者（81.7%），仅有不及半数的65岁及以上年龄组的受访者愿意多支付钱购买气候友好型产品（41.5%）。此外，由图4-95可知，表示愿意多支付三成以上、三成、二成、一成的受访者中，占比最高的分别是 35～44 岁、25～34 岁、25～34 岁、55～64 岁年龄组的受访者。总体来看，年龄低的公众相对于年龄高的公众更愿意花钱购买气候友好型产品，且愿意支付的金额也较高。

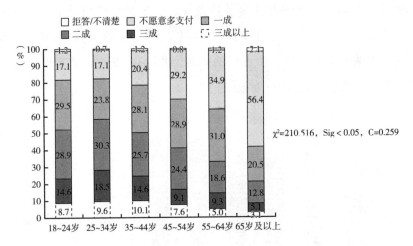

图 4-95　不同年龄组在"多支付几成钱购买气候友好型产品的意愿"上的对比

Q：如果购买气候友好型产品（对应对气候变化有贡献的产品）需要花更多的钱，如风能、太阳能产品、绿色建筑（即从建筑的建材选择、修建施工到装修和销售的全过程，最大限度地节约资源、保护环境和减少污染）等，您最多愿意多支付几成的价格？（n = 4025）

2. 年龄越低的公众越愿意为自己的碳排放全价埋单

根据卡方检验结果，不同年龄组的公众在"为自己的碳排放全价埋单的意愿程度"上存在显著性差异。36.3% 的 18～24 岁年龄组的受访者表示愿意支付 200 元为自己的碳排放全价埋单，所占比例最大，其次是 25～34 岁年龄组的受访者（33.9%）。而同等情况下的 65 岁及以上年龄组的受访者比例不及二成，仅有 14.4%。可见，年龄越小的受访者中愿意为自己的碳排放全价埋单（支付 200 元）的比例越高。

25～34 岁年龄组的受访者中愿意支付 100 元的比例最高（28.4%），愿意支付 50 元比例最高的是 18～24 岁年龄组的受访者（17.3%）。然而，有更多的 45～54 岁、55～64 岁、65 岁及以上年龄组的受访者表示愿意支付 25 元，所占比例分别为 28.6%、27.3%、

28.2%，说明高年龄组的受访者愿意为自己碳排放支付25元的比例更大。65岁及以上年龄组的受访者表示"都不是"的比例为25.6%，高于其他年龄段（见图4-96）。可见，年龄越低的受访者，愿意为碳排放支付的钱更多，年龄越高的受访者愿意支付的钱越少。

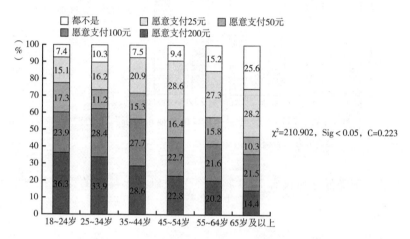

图4-96 不同年龄组在"为自己的碳排放全价埋单的意愿程度"上的对比

Q：我们每个人平时坐车、乘坐飞机、购物都会产生碳排放，如果为您全部的碳排放付费每年需要200元人民币，你个人愿意支付多少？（n=4025）

3. 公众的年龄越低，使用过共享单车的比例越高

根据卡方检验结果，不同年龄组的公众在共享单车的使用情况上存在显著性差异。有64.9%的18~24岁年龄组的受访者和61.0%的25~34岁年龄组的受访者表示曾经使用过共享单车，所占比例分别位列六个年龄组的第一、第二。使用过共享单车的受访者比例随年龄增长而下降，且仅有9.7%的65岁及以上年龄组的受访者表示使用过共享单车（见图4-97）。

4. 年龄越低的公众越倾向于支持共享单车出行方式

根据卡方检验结果，不同年龄组的公众对共享单车出行方式的支持情况存在显著性差异。在六个年龄段的受访者中，表示支持共享单车出行方式比例最高的是18~24岁年龄组的受访者，支持比例为96.7%，其次是25~34岁年龄组的受访者。随着年龄的递增，受访者支持共享

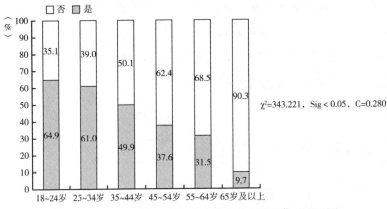

图4-97 不同年龄组在"共享单车使用情况"上的对比

Q：您使用过共享单车吗？（n=4025）

单车的比例降低，而仅有76.4%的65岁及以上年龄组的受访者表示支持（见图4-98）。

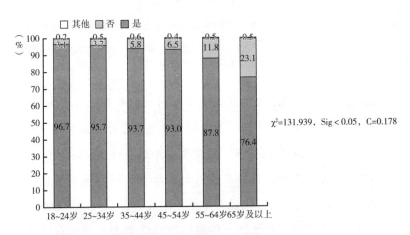

图4-98 不同年龄组在"是否支持共享单车出行方式"上的对比

Q：您支持共享单车出行吗？（n=4025）

5. 35~44岁年龄组的公众比其他年龄组的公众更了解家庭和单位安装太阳能光伏板发电的用处

根据卡方检验结果，不同年龄组的公众在"对家庭和单位安装太阳能光伏板发电用处的了解情况"上存在显著性差异。69.4%的35~

44 岁年龄组的受访者知道家庭和单位安装太阳能光伏板发电的用处。该认知比例位列第二的是 25～34 岁年龄组的受访者，占比为 57.7%。而超过五成的 65 岁及以上年龄组的受访者（56.4%）和 55～64 岁年龄组的受访者（51.0%）表示不了解（见图 4－99）。总体来看，35～44 岁年龄组的公众比其他年龄组的公众更了解安装太阳能光伏板发电的用处。

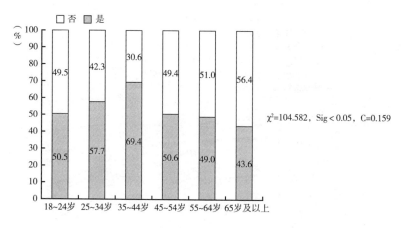

$\chi^2=104.582$，$Sig < 0.05$，$C=0.159$

图 4－99　不同年龄组在"对家庭和单位安装太阳能光伏板发电用处的了解情况"上的对比

Q：您听说过如果在家中或工作单位安装太阳能光伏板（即用太阳能发电的太阳能板），发的电除了自用还可以卖给国家电网吗？（n = 4025）

六　年龄与气候传播效力效果评价对比

1. 各年龄组公众通过手机微信获取气候信息的使用差异最显著，年龄越低，使用手机微信了解气候信息的比例越高

根据卡方检验结果，各年龄组的公众使用手机微信获取气候变化信息的差异最显著（$\chi^2 = 644.540$），其次是官方网站（$\chi^2 = 270.366$）。从各渠道对比来看，不同年龄组受访者使用电视获取气候信息的比例较为稳定，约占各年龄群体的八成。通过手机微信、朋友和家人、官方网站获取信息的比例随着年龄的增长有下降趋势，如 18～24 岁年龄组的受访者的手机微信使用率为 89.5%，位列该年龄组使用率第一，而 65

岁及以上年龄组的受访者使用手机微信的比例为 28.2%，下降幅度最大。此外，18~64 岁年龄段的受访者主要通过手机微信、电视、朋友和家人三种渠道获取气候信息，而 65 岁及以上受访者获取气候信息的三个主要渠道为电视、朋友和家人、报纸（见图 4 - 100）。

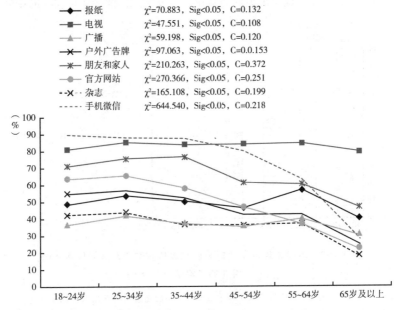

图 4 - 100　不同年龄组在"使用不同渠道获取气候信息的情况"上的对比

Q：您从下面渠道获取气候变化信息的频率是多少？（n = 4025）

注："使用率" = "一年一次或更少" + "一年很多次" + "至少一月一次" + "至少一周一次"。

2. 各年龄组的公众对"个人可以采取什么行动应对气候变化"的了解期望差异最显著

根据卡方检验结果，不同年龄组的公众在"对不同气候相关信息的了解期望"上存在显著性差异。从变化趋势看，各年龄组的受访者对六个气候变化信息的了解期望比例呈波动变化趋势。整体来看，六组年龄组的受访者对"个人可以采取什么行动应对气候变化"的了解期望比例随着年龄增长而呈持续下降的趋势，相比其他气候相关信息，受访者对该项信息期望了解的比例差异最大。其中，最高值为

18～24岁年龄组的受访者（93.6%），最低值为65岁及以上年龄组的受访者（83.6%），比例相差10个百分点。此外，总体来看，"气候变化影响和危害"和"气候变化解决方案"一直是各年龄组期望了解的气候信息（见图4－101）。

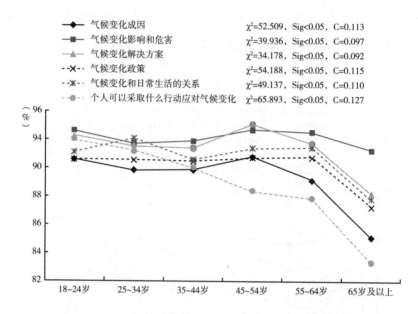

图4－101　不同年龄组在"对不同气候相关信息的了解期望"上的对比

Q：以下气候变化相关的信息，您希望了解的程度如何？（n＝4025）

注："期望了解比例" ＝ "多一点" ＋ "一般多" ＋ "非常多"。

3. 各年龄组的公众对不同信息源的信任情况存在显著性差异，对网络意见领袖的信任差异最显著

根据卡方检验结果，不同年龄组的公众对八个气候变化信息发布机构或人群的信任情况均存在显著性差异。由折线图可知，不同年龄组的受访者对各信息源表示"非常信任"的比例，随着年龄的递增有着不同的变化趋势。根据卡方检验结果，各年龄组的受访者对网络意见领袖的信任度差异最大（$\chi^2 = 213.211$），其次是企业（$\chi^2 = 91.545$）。从比例来看，中央政府是18～24岁、25～34岁、35～44岁和55～64岁年龄组的受访者获取气候信息最信任的信息源，而 65 岁及以上年龄组的受访者相比其他年龄组的受访者对中央政府发布的气候变化信息较为不信任。而与其他新闻类型相比，不同年龄组的受访者对新闻媒体的信任比例均低于其他信息源。只有对来源于企业的气候变化信息表示"非常信任"的比例随着年龄的增长而升高，从 11.7% 上升到 21.0%，说明年龄越高的受访者对来源于企业的气候变化信息信任度越高（见图 4 - 102）。

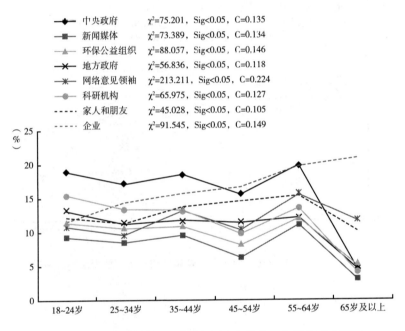

图 4 - 102 不同年龄组在"对气候变化信息发布机构或人群的信任情况"上的对比

Q：您是否相信下列机构或人群发布的气候变化信息？（n = 4025）
注：本图使用的数据是选择"非常信任"的受访者比例。

4. 45 ~ 54 岁年龄组的公众比其他年龄组公众更关注环境新闻

根据卡方检验结果，不同年龄组的公众在"最关注的新闻类型"上存在显著性差异。随着年龄的递增，不同年龄组中最关注环境新闻的比例呈现先上升后下降的趋势。45 ~ 54 岁年龄组的受访者表示最关注环境新闻（如空气质量、水污染等）的比例为 13.8%，是所有年龄组中的最高值，18~24岁年龄组的受访者和25~34岁年龄组的受访者最关注环境新闻的比例最低，均为10.9%，比较来看，45~54岁年龄组的公众比其他年龄组公众更关注环境新闻。对比其他新闻类型的关注情况可得，18~24岁年龄组的受访者关注明星新闻和娱乐时尚新闻的比例之和为29.7%，接近同年龄组关注环境新闻比例的三倍。此外，整体来看，最关注社会新闻和政治新闻的受访者比例随着年龄增长而升高（除个别年龄组有波动），也是不同年龄组较为重点关注的新闻类型（见图4-103）。

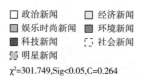

χ²=301.749,Sig<0.05,C=0.264

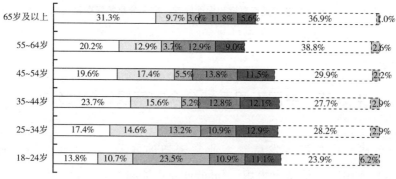

图4-103 不同年龄组在"最关注的新闻类型"上的对比

Q：您最关注哪类新闻？（n=4025）

5. 各年龄组的受访者与周围朋友、家人分享气候变化相关信息的意愿无显著性差异

根据卡方检验结果，不同年龄组的公众在"气候变化信息分享的意愿度"上不存在显著性差异。在六个不同年龄组的受访者中，表示愿意和周围朋友、家人分享气候变化相关信息的比例均超过97%。其中，最高的是65岁及以上年龄组的受访者（98.97%），最低的是25~34岁年龄组的受访者，比例为97.04%，两者相差1.93个百分点

（见图 4 - 104）。不同年龄组的公众向周围朋友、家人分享气候变化信息的意愿相近，没有明显的差异。

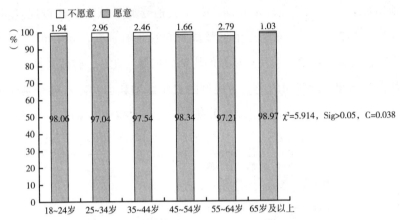

图 4 - 104 不同年龄组在"是否愿意和周围朋友、家人分享气候变化信息"上的对比

Q：您愿意和周围朋友、家人分享气候变化相关信息吗？（n = 4025）

第五节 中国不同区域公众的气候认知度分析

气候变化与经济发展有着非常密切的联系。世界银行（World Bank）和国际货币基金组织（International Monetary Fund，IMF）的专题研究都表明气候变化与经济增长之间存在显著效益。此外，2018 年的诺贝尔经济学奖得主 William Nordhaus 和 Paul Romer 两位经济学家的研究主题都指向经济发展的长期可持续性和可选择性理念，包括经济增长的源头、经济波动的原因以及如何应对气候变化等重大问题。其中，Nordhaus 将气候变化纳入对经济增长的考量范围，并且将自然资源和清洁的空气等视为不可再生的经济产品。[①]

因此，针对不同经济发展水平地区的公众，关注其对气候变化问题

---

① *How the economics of ideas and climate earned pair a Nobel Prize.* https：//www.fastcompany. com/90248442/how – the – economics – of – ideas – and – climate – earned – pair – a – nobel – prize.

的认知、态度和行为表现，一方面从某种程度上可以反映出各地区的气候变化现状，另一方面也可以更有针对性地为当地应对气候变化、促进经济发展及相关政策的制定提供依据。

　　为科学地反映我国不同区域的社会经济发展状况，我国的经济区域被划分为东部、中部、西部和东北四大地区。其中东部地区包括：北京、天津、河北、上海、江苏、浙江、福建、山东、广东和海南；中部地区包括山西、安徽、江西、河南、湖北和湖南；西部地区包括：内蒙古、广西、重庆、四川、贵州、云南、西藏、陕西、甘肃、青海、宁夏和新疆；东北地区包括：辽宁、吉林和黑龙江。[①] 不同地区受访者样本的基本数据如表4-5所示。

表4-5　不同地区受访者样本的数据分布

细分人群	频数	百分比（%）
东北地区	365	9.1
中部地区	1156	28.7
东部地区	1358	33.7
西部地区	1146	28.5
有效样本量 n＝4025		

一　对气候变化问题的认知度

1. 中部地区公众从没听说过气候变化的受访者比例相对更高

　　整体来说，各地区大部分受访者对气候变化都有一定的了解。根据卡方检验结果，各经济地区在对气候变化的了解程度上有显著性差异。其中，东北、中部、东部和西部地区中"只了解一点"的受访者比例均最高，分别为60%、51%、57.9%和61.8%；同时其中分别有36.1%、37.5%、34.8%和33.9%的受访者对气候变化"了解一些"或"了解很多"。另外，中部地区有11.2%的受访者"从没听说过"

---

① 《东、西、中部和东北地区划分方法》，中华人民共和国国家统计局，2011年6月。

气候变化问题，比其他地区高出至少 4.2 个百分点（见图 4 - 105）。可以看出，各地区公众对气候变化并不陌生，但了解程度不高，较为模糊。中部地区"从没听说过"的公众比例相对较高。

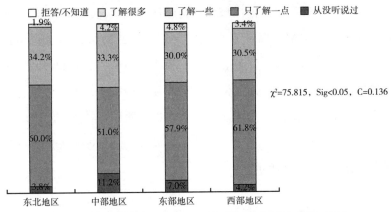

图 4 - 105　中部地区从没听说过气候变化的受访者相对更多

Q：您了解"气候变化"吗？（n = 4025）

2. 中部和东部地区公众对正在发生的气候变化感知程度更深

不同地区的大部分公众都认为气候变化正在发生。根据卡方检验的结果，针对气候变化是否正在发生的问题，不同地区公众的看法有显著性差异。其中，中部和东部地区受访者中，认为气候变化正在发生的受访者比例分别为 96.9% 和 95.5%；而这个比例在东北和西部地区相对较低，分别为 92.1% 和 91.4%（见图 4 - 106）。由此可见，中部和东部地区公众对正在发生的气候变化感知程度更深。

3. 大多数公众认为气候变化主要由人类活动引起，东北和西部地区中认为人类活动和环境自发变化共同引发气候变化的人相对更多

通过卡方检验发现，不同地区公众在对气候变化原因的认知上存在显著性差异。各地区中大部分受访者认为气候变化主要由人类活动引起，其中东北和东部地区持此观点的人比例较高，均占 67.4%。另外，东北和西部地区受访者中均有超过 20% 的人认为人类活动和环境自发变化都是引发气候变化的原因，相对高于中部和东部地区；中部和东部地区受

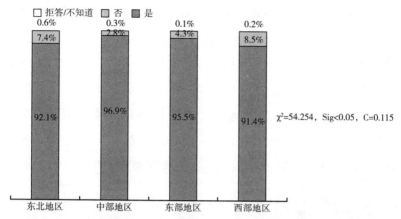

图 4 - 106　中部和东部地区公众对正在发生的气候变化感知程度更深

　　Q：气候变化是指近百年来全球平均气温不断上升，全球气候正在发生以变暖为主要特征的变化。您认为气候变化正在发生吗？（n = 4025）

访者中，均有超过 10% 的人认为环境自发变化是主要原因（见图 4 - 107）。可见，大多数公众认为气候变化主要由人类活动引起，东北和西部地区中认为人类活动和环境自发变化共同引发气候变化的人相对更多。

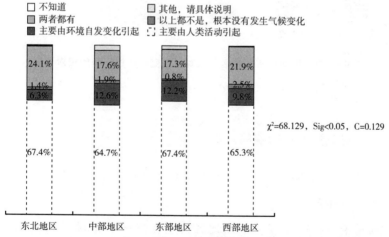

图 4 - 107　大多数公众认为气候变化主要由人类活动引起，东北和西部地区认为
人类活动和环境自发变化共同引发气候变化的人相对更多

　　Q：您认为气候变化主要是由人类活动引起的，是自然环境变化引起的，是其他因素引起的，还是根本就没有发生气候变化？（n = 4025）

4. 中部和东部地区公众对气候变化的担心程度相对更高

通过卡方检验发现，各地区对气候变化的担心程度有显著性差异。东部、西部、中部地区和东北地区"非常担心"或"有些担心"气候变化的受访者比例合计分别为 79.9%、79.8%、81.7% 和 73.9%。其中，中部和东部地区"非常担心"的受访者比例较高，分别为 17.3% 和 17.7%（见图 4-108）。中部和东部地区公众对气候变化的担心程度更高，而东北地区公众则相对较低。

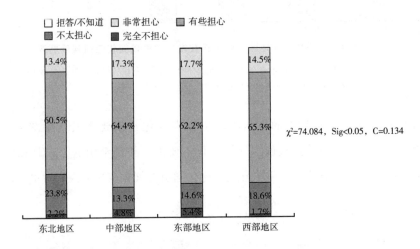

图 4-108 中部和东部地区公众对气候变化的担心程度相对更高

Q：您对气候变化的担心程度是？（n=4025）

二 对气候变化影响的认知度

1. 中部和东部地区公众认为气候变化对本国公众、自己与家人的影响程度相对更大

通过卡方检验发现，不同地区公众在气候变化对不同对象影响程度的认知上存在显著性差异。其中，在对本国公众、自己与家人所受影响程度的认知上差异较大。具体来说，中部和东部地区公众认为气候变化对本国公众影响很大的受访者比例分别为 26.9% 和 26.4%，认为对自己与家人影响很大的受访者比例分别为 17.6% 和

16%，均比东北和西部地区高至少4.4个百分点。另外，在对子孙后代和动植物物种的受影响程度认知上，东北地区认为"影响程度很大"的受访者比例均最小（见图4－109）。由上可见，与其他地区相比，中部和东部地区公众认为气候变化对本国公众、自己与家人的影响程度相对较大，东北地区公众认为子孙后代和动植物物种受到的影响相对较小。

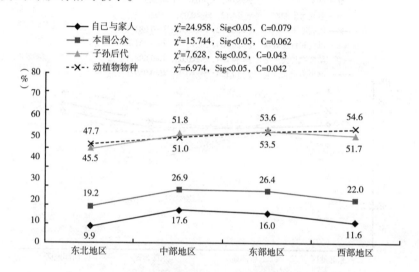

图4－109 中部和东部地区公众认为气候变化对本国公众、
自己与家人的影响程度相对较大

Q：您认为气候变化对以下各方的影响程度如何？（n＝3610）
注：本图中的数据选取的是认为对各方"影响程度很大"的受访者比例。

2. 如果不采取应对气候变化的措施，东北、西部地区公众更倾向于认为空气污染加剧、疾病增多、干旱和洪水等问题会增多

根据卡方检验结果，在对气候变化导致的各类现象是增多还是减少的认知上，不同地区公众存在显著性差异。其中，东北和西部地区受访者中，认为"空气污染加剧""疾病增多"以及"干旱"和"洪水"现象会增多的受访者比例均高于中部和东部地区。另外，中部地区受访者中有超过90%的人认为"冰川消融"会增多，同时有86.6%的人认为会出现更多的"动植物种类灭绝"，高于其他地区受访者的比例。可

以看出，相比其他地区，东北、西部地区公众更倾向于认为如果不采取应对气候变化的措施，空气污染加剧、疾病增多、干旱和洪水等问题会增多；而中部地区则有更多公众认为冰川消融、动植物种类灭绝等问题会更频繁（见图 4 – 110）。

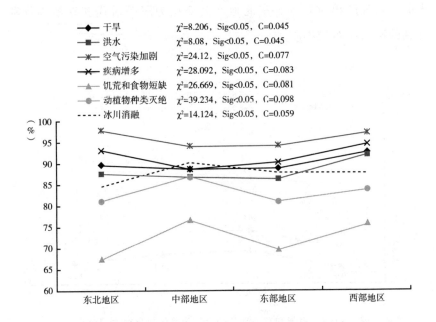

图 4 – 110　如果不采取应对气候变化的措施，东北、西部地区公众更
倾向于认为空气污染加剧、疾病增多、干旱和洪水等问题会增多

　　Q：未来二十年，如果中国不采取措施应对气候变化，您认为气候变化会导致以下现象增多还是减少？（n = 4025）

　　注：本图中数据选取的是认为导致各现象"有些增加"和"增加很多"的受访者比例之和。

　　3. 四个地区最担心空气污染加剧和疾病增多的受访者均相对更多

　　通过卡方检验发现，不同地区在最担心的气候变化类型上有显著性差异。各个地区的受访者中，最担心空气污染加剧的受访者比例均最高，尤其是东部和东北地区受访者，分别达到 35.9% 和 35.3%。东北和西部地区受访者中最担心疾病增多的人也较多，分别为 33.2% 和 32.9%，相对高于其他地区。另外，相比其他地区，东部地区受访者中最担心干旱的比例最低，而担心洪水问题的比例最高（见图4－111）。可见，相比其他地区，东部地区受访者最担心空气污染加剧和洪水问题的比例更高，东北地区受访者最担心疾病增多和干旱问题的比例更高，这也与当地的经济发展状况和气候环境特征有密切的关系。

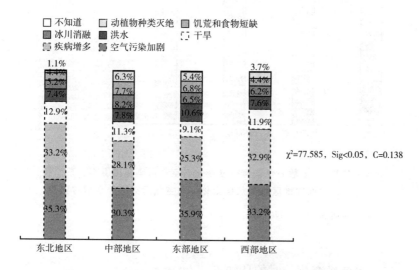

图4－111　四个地区最担心空气污染加剧和疾病增多的受访者均相对更多

Q：您最担心哪类气候变化影响？（n＝4025）

4. 大多数公众认为气候变化与空气污染互相影响，东北和西部地区认为气候变化导致空气污染的公众相对更多

通过卡方检验发现，不同地区在气候变化与空气污染关系的看法上存在显著性差异。各地区中均有超过70%的受访者（即大部分受访者）认为气候变化与空气污染相互影响，有协同性。东北和西部地区中认为气候变化导致空气污染的受访者比例分别为18.4%和17.4%，高于中部和东部地区；而中部和东部地区中认为空气污染导致气候变化的人相对更多，分别占比13.5%和14.8%（见图4－112）。由此可见，大多数公众认为气候变化与空气污染互相影响，东北和西部地区认为气候变化导致空气污染的公众相对更多。

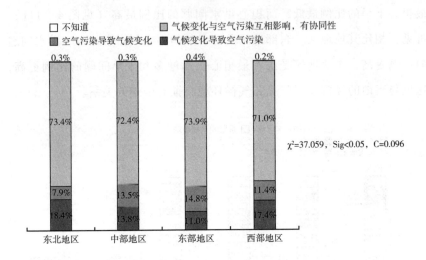

图4-112　大多数公众认为气候变化与空气污染互相影响，东北和
西部地区认为气候变化导致空气污染的公众相对更多

Q：您赞同下面哪种说法？（n＝4025）

三　对气候变化应对的认知度

1. 西部地区公众更倾向于认为减缓和适应两类政策一样重要，其他地区公众更倾向于认为减缓政策更为重要

通过卡方检验发现，对减缓和适应两大气候变化对策的重要性认知上，各地区公众之间存在显著性差异。其中，西部地区受访者中认为减缓和适应两类政策一样重要的比例更高，为49.6%；而其他地区中认为减缓政策更为重要的受访者相对更多（见图4-113）。

2. 东北和西部地区公众相对更期待政府和媒体发挥更多或最多的作用，而在环保公益组织和公众自身的作用发挥上，中部地区公众表现出更高的期待

根据卡方检验结果，对不同角色的作用期待上，不同地区公众之间存在显著性差异。各地区的绝大多数受访者均认为政府在应对气候变化问题上应该发挥更多或最多作用，其中西部地区受访者比例最高，为

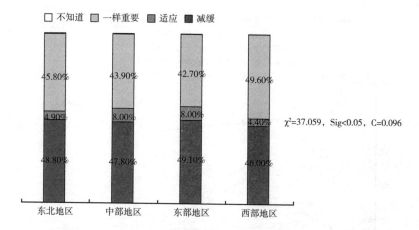

图 4 - 113　西部地区公众更倾向于认为减缓和适应两类政策一样重要，其他地区公众更倾向于认为减缓政策更为重要

Q：应对气候变化有减缓和适应气候变化两大对策。您认为减缓和适应哪个更重要（n = 4025）

91.8%，其次是东北地区的受访者。另外，东北和西部地区均有超过85%的受访者认为媒体应该发挥更多或者最多的作用。中部地区认为环保公益组织应该发挥更多或最多作用的受访者有86.4%，稍高于其他地区；同时，中部地区超过80%的受访者认为公众（你我他）也应该发挥更多或最多作用，而其他地区的这个比例均最低（见图 4 - 114）。总体来看，东北和西部地区公众对政府和媒体发挥的作用期待相对更高，而在环保公益组织和公众自身的作用发挥上，中部地区公众表现出更高的期待。

3. 东北和西部地区公众认为生态保护重要的比例相对更高，而中部和东部地区公众则认为空气污染和健康问题更重要

在对高关注度问题的重要性认知方面，不同地区公众之间存在显著性差异。"空气污染"是各地区公众认为最重要的问题，其中，东部地区认为"空气污染"最重要的受访者比例最高，为17.5%。另外，东北和西部地区认为"生态保护"最重要的受访者比例高于中部和东部地区；而在中部和东部地区，认为"健康"最重要的受访者比例分别

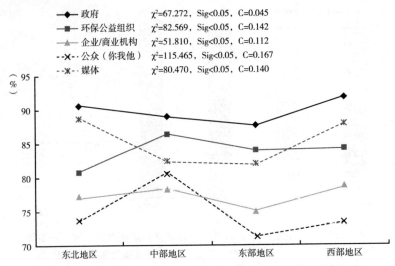

图4-114 东北和西部地区公众相对更期待政府和媒体发挥更多或最多的作用，而在环保公益组织和公众自身的作用发挥上，中部地区公众表现出更高的期待

Q：下列角色在应对气候变化问题上发挥了不同程度的作用，您认为他们应该再多做点还是少做点？（n = 4025）

注：本图中数据选取的是认为各方应该做"更多"和"最多"的受访者比例之和。

为12.1%和11.6%，高于其他地区。整体来看，和其他地区相比，东北和西部地区公众认为生态保护重要的比例相对更高，而中部和东部地区公众则认为空气污染和健康问题更重要（见图4-115）。

四 对气候变化政策的认知度

1. 东部和西部地区公众对中国继续留在《巴黎协定》并落实应对气候变化承诺的支持度相对更高

各地区的绝大多数公众都支持中国继续留在《巴黎协定》。根据卡方检验结果，在对该决定的支持度上，不同地区公众间依然有显著性差异。具体来说，东部和西部地区中非常支持中国继续留在《巴黎协定》的受访者比例在60%左右，比东北和中部地区高出至少2.7个百分点（见图4-116）。总体来看，东部和西部地区公众对中国继续留在《巴黎协定》并落实应对气候变化承诺的支持度相对更高。

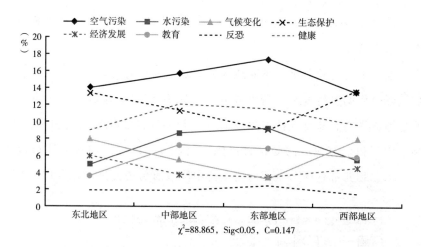

图 4 – 115　东北和西部地区公众认为生态保护重要的比例相对更高，
而中部和东部地区公众则认为空气污染和健康问题更重要

　　Q：上述您认为应该有非常高关注度的问题中，哪个是最重要的？（n = 2564）

　　注：本图中的基数是在"下列是中央政府应该关注的一些问题，您认为中央政府对这些问题应该有怎样的关注度？"这一调查中，针对各个选项选择"非常高"的受访者样本数。

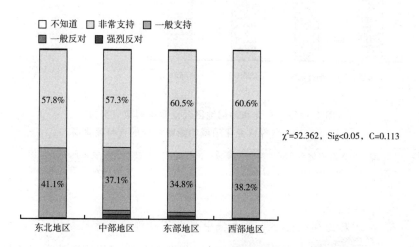

图 4 – 116　东部和西部地区公众对中国继续留在《巴黎协定》
并落实应对气候变化承诺的支持度相对更高

　　Q：近期，美国宣布将退出《巴黎协定》，中国决定继续留在《巴黎协定》落实应对气候变化的承诺。您对此是非常支持、一般支持、一般反对，还是强烈反对？（n = 4025）

2. 东北和西部地区公众对中国政府努力开展气候变化领域的国际合作的支持度更高

通过卡方检验发现，不同地区公众对中国政府努力开展气候变化领域国际合作的支持度有显著性差异。分别有 57.3% 和 58.4% 的东北和西部地区受访者非常支持中国政府努力开展气候变化领域的国际合作，高于中部和东部地区的受访者比例（见图 4 - 117）。通过对比可以看出，东北和西部地区公众相对更支持中国政府努力开展国际合作。

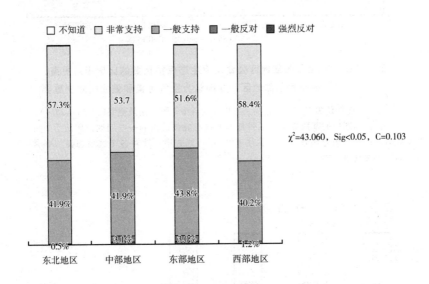

图 4 - 117　东北和西部地区公众对中国政府努力
开展气候变化领域的国际合作的支持度更高

Q：中国政府努力开展气候变化领域的国际合作，即支持相对贫困的发展中国家减缓和适应气候变化。您对此是非常支持、一般支持、一般反对，还是强烈反对？（n = 4025）

3. 东北和西部地区公众更支持中国实施碳排放总量控制政策

绝大多数公众都支持中国政府对二氧化碳等温室气体排放实行总量控制。通过卡方检验发现，各地区公众在对中国实施碳排放总量控制政策的支持度上存在显著性差异。东北地区和西部地区分别有 67.4% 和 68.7% 的受访者对该政策表现为非常支持，超过其他两个地区至少 5.2

个百分点（见图4－118）。对比来看，东北和西部地区公众对中国实施碳排放总量控制政策的支持度更高。

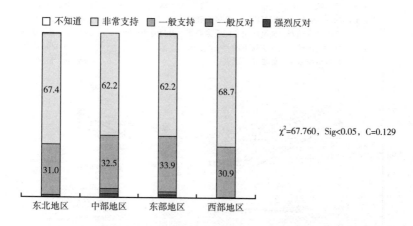

图4－118　东北和西部地区公众更支持中国实施碳排放总量控制政策

Q：在国内，政府对二氧化碳等温室气体排放要实行总量控制（即排放不能超过上限）。您对此是非常支持、一般支持、一般反对，还是强烈反对？（n＝4025）

4. 东北和西部地区公众对减少碳排放和鼓励使用节能产品的相关减缓政策有更高的支持度

根据方差分析检验结果，各地区公众在一些减缓政策的支持度上存在显著性差异，这些政策包括"减少燃煤电厂污染排放""实施节能产品惠民工程，推广使用高效节能空调、绿色照明等""引导适度消费，鼓励使用节能低碳产品，遏制铺张浪费"，以及"启动低碳城镇、低碳社区试点"。在"减少燃煤电厂污染排放""启动低碳城镇、低碳社区试点"和"实施节能产品惠民工程，推广使用高效节能空调、绿色照明等"政策上，东北和西部地区受访者的支持度均高于中部和东部地区，其中根据F值可知，在对前两项政策的支持度上，不同地区间公众的差异相对更大；另外，在"引导适度消费，鼓励使用节能低碳产品，遏制铺张浪费"的政策上，西部地区受访者的支持度也略高于其他地区（见图4－119）。综合来看，东北和西部地区公众对减少碳排放和鼓励节能产品使用的相关政策有更高的支持度。

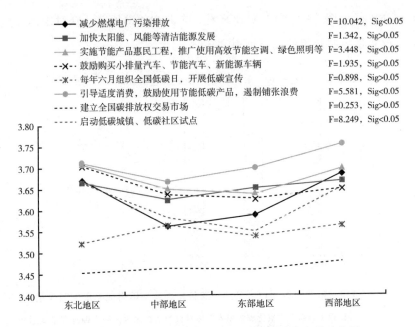

图4-119　东北和西部地区公众对减少碳排放和鼓励使用
节能产品的相关减缓政策有更高的支持度

Q：下列是政府采取的适应气候变化相关的政策措施。您对此是非常支持、一般支持、一般反对，还是强烈反对？（n＝3594，本数据剔除了"拒答/不知道"的受访者样本）

本图中的数据，是将支持程度"强烈反对、一般反对、一般支持、强烈支持"分别赋值为"1、2、3、4"，最终求得各项均值。

5. 东北地区公众更支持防涝预警的适应政策，西部地区公众对关系人群健康的应急措施有相对更高的支持度

在最大值为4的情况下，不同地区对各适应政策的了解期望均值都超过3.4，可见整体上看了解期望程度较高。进一步通过方差分析检验发现，不同地区公众主要在对"城市内涝风险预警"和"制定气候变化影响人群健康应急预案"政策的了解期望上存在显著性差异。其中，根据图4-120，针对"城市内涝风险预警"的适应政策，东北地区受访者的支持度相对高于其他地区，均值为3.63；而相比其他地区，西部地区受访者对"制定气候变化影响人群健康应急预案"政策支持度更高，均值为3.70。整体来看，东北地区公众更关注和支持有关防涝

预警方面的适应政策，西部地区公众则对应对气候变化的应急措施更感兴趣，有相对更高的支持度。中国东北地区多洪涝灾害，西部地区的自然条件也较为恶劣，相比其他政策，这两项适应政策更直接地影响东北和西部地区公众的健康甚至生命。

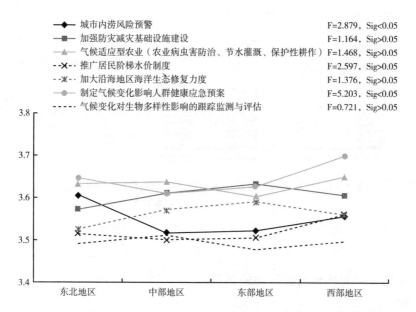

图4－120　东北地区公众更支持防涝预警的适应政策，西部地区
　　　　　公众对关系人群健康的应急措施有相对更高的支持度

Q：下列是政府采取的气候变化相关的政策措施。您对此是非常支持、一般支持、一般反对，还是强烈反对？（n＝3948，本数据剔除了"拒答/不知道"的受访者样本）

注：本图中的数据，是将支持程度"强烈反对、一般反对、一般支持、强烈支持"分别赋值为"1、2、3、4"，最终求得各项均值。

6. 东北和西部地区相对更支持学校教育孩子们学习气候变化的成因、影响和解决方案

根据卡方检验结果可知，在对孩子进行气候变化成因、影响和解决方案的教育问题上，不同地区公众之间存在显著性差异。东北和西部地区均有超过80%的受访者非常支持，中部地区和东部地区非常支持的受访者比例则相对较低（见图4－121）。由此可见，东北和西部

地区对学校教育孩子们学习气候变化的成因、影响和解决方案的支持度更高。

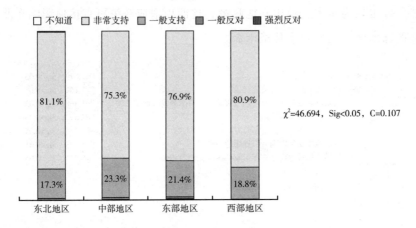

图4–121　东北和西部地区相对更支持学校教育孩子们学习
气候变化的成因、影响和解决方案

Q：您支持学校教育孩子们学习气候变化的成因、影响和解决方案吗？（n=4025）

五　应对气候变化行动的执行度

1. 中部和东部地区公众更愿意为气候友好型产品花更多钱，东北地区公众购买意愿最低

根据卡方检验结果，不同地区公众对气候友好型产品的购买意愿有显著性差异。中部和东部地区分别有22.8%和22.3%的受访者愿意为气候友好型产品支付三成及以上的成本，相对高于东北和西部地区。东北地区不愿意多支付的受访者比例最高，占36.2%，而其他地区的这个比例均低于30%（见图4–122）。可以看出，中部和东部地区公众更愿意为气候友好型产品花更多钱，东北地区公众购买意愿最低。

2. 东部和中部地区公众相对更愿意为自己的碳排放全价埋单

从卡方检验来看，在为自己的碳排放付费的意愿上，各地区公众存在显著性差异。中部和东部地区分别有29.9%和29.2%的受访者愿意

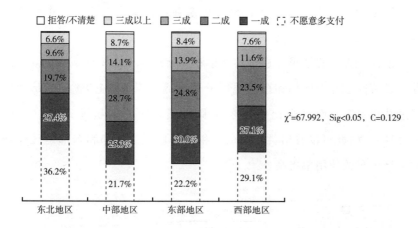

图4-122　中部和东部地区公众更愿意为气候友好型产品花更
多钱，东北地区公众购买意愿最低

　　Q：如果购买气候友好型产品（对应对气候变化有贡献的产品）需要花更多的
钱，您最多愿意多支付几成的价格？（n=4025）

为自己全部的碳排放支付200元的费用，而这个比例在东北和西部地区
均不超过25%（见图4-123）。可见，东部和中部地区公众相对更愿
意为自己的碳排放全价埋单。

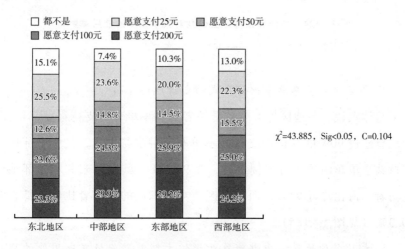

图4-123　东部和中部地区公众相对更愿意为自己的碳排放全价埋单

　　Q：我们每个人平时坐车、乘坐飞机、购物都会产生碳排放，如果为您全部的
碳排放付费每年需要200元人民币，你个人愿意支付多少？（n=4025）

3. 相比东北和西部地区，中部和东部地区公众对共享单车的使用率更高

根据卡方检验结果，在对共享单车的使用率上，不同地区公众之间存在显著性差异。中部和东部地区分别有54.6%和54.9%的受访者使用过共享单车，而这个比例在东北和西部地区均不超过35%（见图4-124）。由此可以看出，相比东北和西部地区，中部和东部地区公众对共享单车的使用率更高。

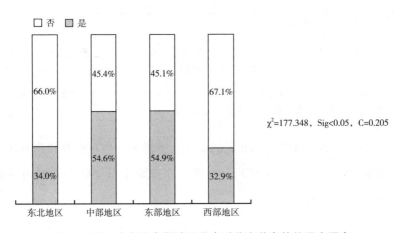

$\chi^2=177.348$，Sig<0.05，C=0.205

图4-124　中部和东部地区公众对共享单车的使用率更高

Q：您使用过共享单车吗？（n=4025）

4. 各地区对共享单车出行方式的支持度均较高

整体来说，各地区绝大多数受访者对共享单车的支持程度都很高，即均有超过90%的受访者支持共享单车这种出行方式，其中中部地区支持共享单车的受访者比例最高，为94.6%，其次是东北和东部地区受访者，占比接近93%；西部地区持支持态度的受访者比例最低，为90.3%（见图4-125）。

5. 相比其他地区，中部地区听说过太阳能光伏板发电用处的公众比例更高

根据卡方检验结果，不同地区公众对太阳能光伏板发电的用途认

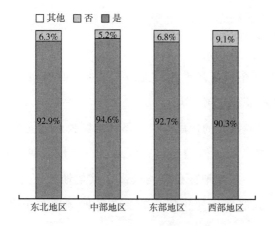

$\chi^2=17.737$，Sig<0.05，C=0.066

图 4－125　各地区对共享单车出行方式的支持度均较高

Q：您支持共享单车这种出行方式吗？（n＝4025）

知上有显著性的差异。其中，中部地区听说过太阳能光伏板发的电除了自用还可以卖给国家电网的受访者比例最高，有59.6%，其次是东部地区的受访者，为55.2%，而东北和西部地区听说过的受访者比例均不超过55%（见图4－126）。相比其他地区，中部地区听说过太阳能光伏板发电用处的公众比例更高。

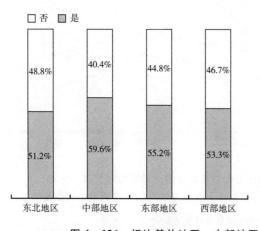

$\chi^2=12.845$，Sig<0.05，C=0.056

图 4－126　相比其他地区，中部地区听说过太阳能
光伏板发电用处的公众比例更高

Q：您听说过如果在家中或工作单位安装太阳能光伏板（即用太阳能发电的太阳能板），发的电除了自用还可以卖给国家电网吗？（n＝4025）

六 气候传播效力效果评价

1. 东部地区公众对各媒介的使用率相对更高，中部地区通过朋友和家人获取气候变化信息的公众比例更大

根据卡方检验结果，在各媒介的使用率上，不同地区公众之间存在显著性差异。其中，对电视、手机微信、官方网站、户外广告牌、报纸、广播以及杂志的使用率，东部地区公众均较高于其他地区；另外，中部地区通过朋友和家人获取气候变化信息的受访者比例超过70%，高于其他地区（见图4-127）。

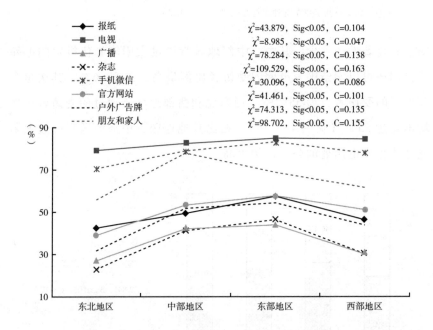

图例：
- 报纸 χ^2=43.879，Sig<0.05，C=0.104
- 电视 χ^2=8.985，Sig<0.05，C=0.047
- 广播 χ^2=78.284，Sig<0.05，C=0.138
- 杂志 χ^2=109.529，Sig<0.05，C=0.163
- 手机微信 χ^2=30.096，Sig<0.05，C=0.086
- 官方网站 χ^2=41.461，Sig<0.05，C=0.101
- 户外广告牌 χ^2=74.313，Sig<0.05，C=0.135
- 朋友和家人 χ^2=98.702，Sig<0.05，C=0.155

图4-127 东部地区公众对各媒介的使用率相对更高，中部地区通过朋友和家人获取气候变化信息的公众比例更大

Q：您从各渠道获取气候变化信息的频率是多少？（n=4025）

注：本图中数据选取的是使用各媒介"一年一次或更少""一年很多次""至少每月一次""至少每周一次"的受访者比例之和。

2. 中部地区公众对各类气候变化相关信息的了解期望程度更高，而东北地区公众的了解期望程度相对更低

根据卡方检验结果，不同地区公众在各类气候变化的了解期望程度上存在显著性差异。中部地区对各类气候变化信息了解期望非常高的受访者比例普遍高于其他地区，而东北地区对应的受访者比例则普遍最低（见图4－128）。由此可见，中部地区公众对各类气候变化相关信息的了解期望程度更高，而东北地区公众的了解期望程度相对更低。

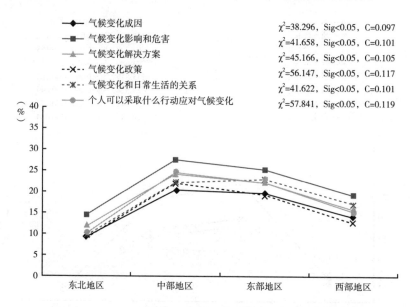

图4－128　中部地区公众对各类气候变化相关信息的了解
期望程度更高，而东北地区公众的了解期望程度相对更低

Q：以下气候变化相关的信息，您希望了解的程度如何？（n = 4025）

注：本图中数据选取的是对各气候变化相关信息希望了解"非常多"的受访者比例。

3. 中部和东部地区公众对各类信息源的信任度整体较高，尤其非常信任中央政府

通过卡方检验发现，不同地区公众在非常信任的信息源上存在显著性差异。中部和东部地区非常信任中央政府的受访者比例分别为27.9%和23.7%，远远高于东北和西部地区。同样对于新闻媒体、科

研机构、地方政府、环保公益组织以及家人和朋友，东北和西部地区中对其表示非常信任的受访者比例均明显低于中部和东部地区。而对于企业和网络意见领袖两类信息源，东北地区和西部地区非常信任的受访者比例较其他地区并没有很低，其中东北地区对其非常信任的比例最高（见图4－129）。由此可见，中部和东部地区公众对各类信息源的信任度整体较高，尤其非常信任中央政府，而东北和西部地区相对比较信任企业和网络意见领袖。

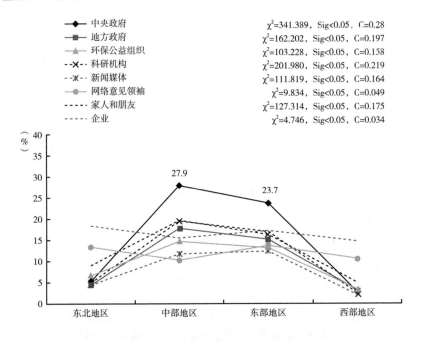

图4－129　中部和东部地区公众对各类信息源的信任度整体较高，
尤其非常信任中央政府

Q：您是否相信下列机构或人群发布的气候变化信息？（n＝4025）
注：本图中数据选取的是对各信息源"非常信任"的受访者比例。

4. 各地区均关注社会新闻，关注环境新闻公众比例最高的是中部地区

通过卡方检验发现，在最关注的新闻类型上，各地区公众之间存在显著性差异。各地区受访者中，最关心社会新闻的比例均最高，其中东部地区最关注社会新闻的受访者占32.2％，高于其他地

区的受访者比例。东北地区有28.2%的受访者最关心政治新闻，比其他地区高6~12个百分点；但东北地区受访者仅有7.9%最关心环境新闻（如空气质量、水污染等），低于其他地区3~7个百分点。相比之下，中部地区最关注环境新闻的受访者最多，占14.3%。另外，西部地区中，最关注经济新闻的受访者比例也较高于其他地区（见图4-130）。整体来看，各地区均关注社会新闻，东北地区最关注政治新闻的公众比例较高，关注环境新闻公众比例最高的是中部地区。

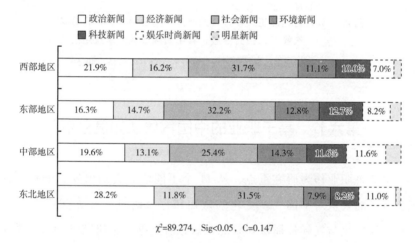

$\chi^2 = 89.274$，Sig<0.05，C=0.147

**图4-130　各地区均关注社会新闻，最关注环境新闻
公众比例最高的是中部地区**

Q：您最关注哪类新闻？（随机顺序提问，单选）（n=4025）

5. 各地区绝大多数公众愿意和周围朋友、家人分享气候变化相关信息，其中西部地区分享意愿最高

整体上，各地区绝大多数受访者都愿意和周围朋友、家人分享气候变化相关信息，选择愿意的受访者比例均超过95%。其中，西部地区愿意分享的受访者比例最高，为99.2%，相对其他地区更高（见图4-131）。

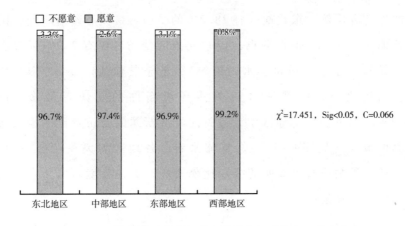

图4-131　各地区绝大多数公众愿意和周围朋友、家人分享
气候变化相关信息，其中西部地区分享意愿最高

Q：您愿意和周围朋友、家人分享气候变化相关信息吗？（n=4025）

第六节　基于职业的中国气候认知度分析

本节将职业作为研究重点，从11个不同职业类别出发，分析不同职业背景的公众对中国气候变化的认知和行为偏向。根据2017年中国公众气候变化与气候传播认知状况调研报告数据，本研究将4025名受访者按职业类型分为11组，分别是：事业单位、军人、学生、务农、企业、个体经营者、离退休人员、行政机关、无业、其他非就业者、其他。其中，在企业工作的受访者人数最多，占总人数的29.1%，其次是从事个体经营的受访者（18.9%），详细数据见表4-6。

表4-6　不同职业组公众数据分布

职业类别	频数	百分比（%）
企业	1171	29.1
个体经营者	759	18.9
务农	521	12.9
事业单位	456	11.3

续表

职业类别	频数	百分比(%)
离退休人员	358	8.9
无业	259	6.4
学生	234	5.8
行政机关	99	2.5
其他非就业者	81	2.0
其他	68	1.7
军人	19	0.5

有效样本量 n = 4025

一　职业与气候变化问题的认知度对比

1. 更多的企业工作者和离退休人员了解气候变化

根据卡方检验结果可知,在5%的水平下,皮尔逊卡方值 χ^2 为 94.045,原假设 H0 的概率小于 0.05（Sig < 0.05）,列联系数 C 为 0.151,说明各职业背景的公众在“对气候变化了解程度”上存在显著性差异。从整体来看,不同职业的受访者了解气候变化的比例均超过 80%,其中,企业工作者和离退休人员受访者比其他职业受访者更了解气候变化。有 10.5% 的军人受访者表示“了解很多”,有 37.5% 的事业单位工作受访者表示“了解一些”（见图 4 - 132）。整体来看,企业工作者和离退休人员更加了解气候变化。

2. 各职业背景的公众对正在发生的气候变化的认知无显著性差异

根据卡方检验结果,各职业背景的公众在对“气候变化是否正在发生”的看法上没有显著性差异。职业为“其他非就业者”的受访者认为“气候变化正在发生”的比例最高（97.5%）,其次是“其他”受访者（97.1%）,行政机关工作受访者（97.0%）和学生受访者（97.0%）并列第三。军人受访者对气候变化正在发生的现状认知度相对较低,有 89.5% 的受访者感知到了气候变化的发生（见图 4 - 133）。

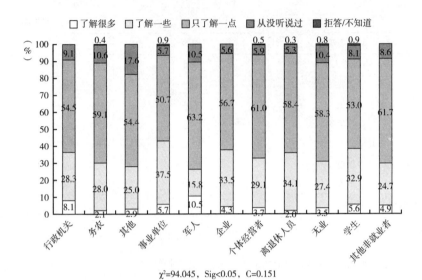

$\chi^2=94.045$，Sig<0.05，C=0.151

图4-132 职业在"对气候变化了解程度"上的对比

Q：您了解"气候变化"吗？（n=4025）

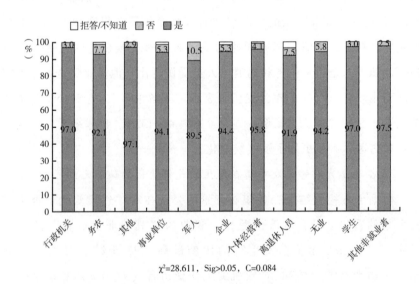

$\chi^2=28.611$，Sig>0.05，C=0.084

图4-133 职业在"气候变化是否正在发生"上的认知对比

Q：气候变化是指近百年来全球平均气温不断上升，全球气候正在发生以变暖为主要特征的变化。您认为气候变化正在发生吗？（n=4025）

3. 各职业背景的公众在"气候变化引起原因"上的看法存在显著性差异

根据卡方检验结果，各职业背景的公众在"气候变化引起原因"上的看法存在显著性差异。在各职业背景的受访者中，认为气候变化"主要由人类活动引起"的均超过半数，比例最高的是个体经营者（70.8%），其次是学生受访者（67.9%）。而军人和其他受访者的比例最低，分别为52.6%、57.4%。在军人受访者中，认为"主要由环境自发变化引起"的比例（21.1%）高于其他职业受访者。表示人类活动和环境自发变化两个原因共同导致气候变化的受访者比例最高的是企业工作者（22.0%），其次是离退休人员（21.8%）（见图4-134）。由此可见，不同职业的公众对气候变化引起原因有不同的看法。

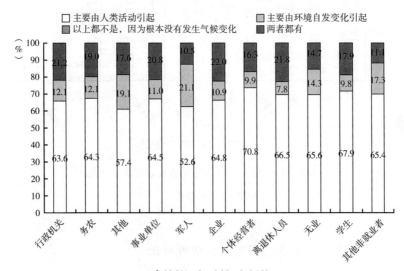

$\chi^2=93.011$，Sig<0.05，C=0.150

图4-134 职业在"气候变化引起原因"上的认知对比

Q：您认为气候变化主要是由人类活动引起的，是自然环境变化引起，是其他因素引起的，还是根本就没有发生气候变化？（n=4025）

注：选择"其他/不知道"的比例较小，未予显示。

4. 在企业工作的公众更担心气候变化

根据卡方检验结果，各职业背景的公众在"对气候变化的担心程度"上存在显著性差异。大部分职业的受访者表示对气候变化担心（包括非常担心、有些担心、不太担心）的比例均高于 90%。有 97.7% 的企业受访者表示担心，比例为所调查职业群体中最高。军人受访者担心气候变化的比例低于 90%（84.2%）。有 24.2% 的行政机关受访者表示"非常担心"，相比其他职业群体，其所占比例最高（见图 4 - 135）。

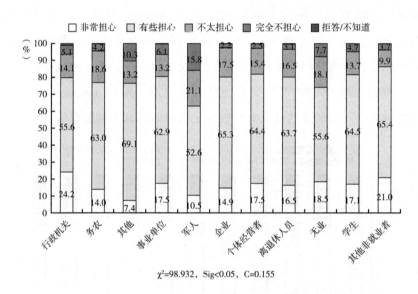

$\chi^2=98.932$，Sig<0.05，C=0.155

图 4 - 135　职业在"对气候变化的担心程度"上的对比

Q：您对气候变化的担心程度？（n = 4025）

二　职业与气候变化影响的认知度对比

1. 离退休人员经历过气候变化影响的比例最高，其次是在事业单位工作者

根据卡方检验结果，各职业背景的公众在"是否经历过气候变化影响"上存在显著性差异。有近八成的离退休受访者认为经历过气候变化影响，所占比例最高（79.6%）。其次是在事业单位工作的受访者（77.0%）和务农的受访者（76.6%）。而职业为"其他非就业者"的

受访者中，有44.4%的人认为自己没有经历过气候变化的影响（见图4－136）。

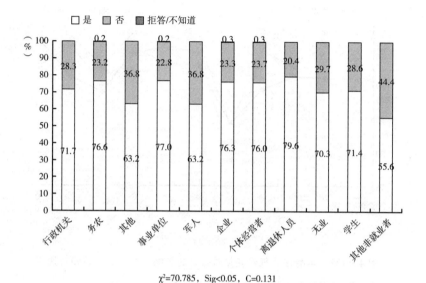

$\chi^2=70.785$，Sig<0.05，C=0.131

图4－136　职业在"是否经历过气候变化影响"上的认知对比

Q：您个人经历过气候变化影响吗？（n＝4025）

2. 各职业的公众对气候变化影响子孙后代的认知差异最显著

根据卡方检验结果，各职业背景的公众在"气候变化对各方的影响程度"上存在显著性差异，其中，不同职业的公众认为气候变化会对"子孙后代"产生影响的差异最显著（$\chi^2 = 122.456$）。从事不同职业的受访者认为气候变化所产生不同影响的比例相近，认为气候变化对"子孙后代"影响最大的受访者职业有务农、企业、个体经营者、离退休人员、无业、学生。其中，离退休人员受访者中认为对"子孙后代"有影响的比例相比其他职业受访者更大（97.8%）。在行政机关、事业单位工作的受访者认为气候变化对"本国公众"影响最大，职业为"其他非就业者"的受访者认为对"自己与家人"的影响最大（见图4－137）。

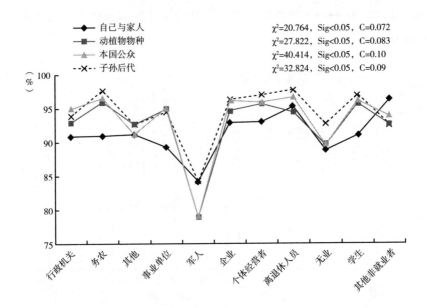

图 4 – 137　年龄在"气候变化对各方的影响程度"上的认知对比

Q：您认为气候变化对以下各方的影响程度如何？（n = 4025）

注：本数据中，将选择"有一点、中等、很大"的比例相加，最终求得有影响的比例。

3. 各职业的公众对"空气污染"现象增加的认知差异最显著，在企业工作的公众比其他职业更认为"空气污染"现象会增多

根据卡方检验结果，当被问及"未来二十年如果中国不采取措施应对气候变化，您认为气候变化会导致以下现象增多还是减少？"这一问题时，各职业背景的公众对七项气候变化增多现象的认知存在显著性差异，其中各职业背景的公众在"空气污染"会增多上的认知差异最大（$\chi^2 = 131.552$），其次是对"动植物种类灭绝"现象增多的看法（$\chi^2 = 116.459$），认知差异最小的现象是"饥荒和食物短缺"。各职业受访者中，认为"空气污染"增多的人数比例均较高，其中企业工作受访者中这一比例最高（96.7%），其次是离退休人员（96.4%）。据折线图，部分职业的受访者中认为"干旱"和"疾病"会增加的比例较高，如有94.1%的其他受访者认为"干旱"会增加，有93.6%的离

退休的受访者认为"疾病"会增加。而认为"动植物种类灭绝"与"饥荒和食物短缺"增加的比例相对较低（见图4－138）。

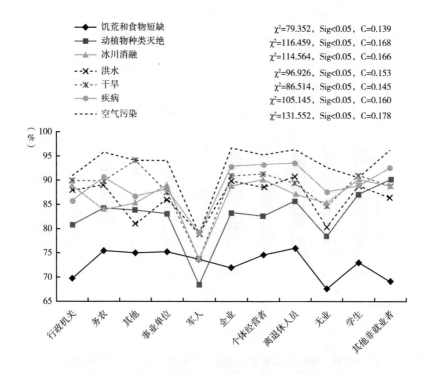

图4－138　年龄在"如果中国不采取措施，气候变化会导致各现象增加的比例"上的对比

Q：未来二十年，如果中国不采取措施应对气候变化，您认为气候变化会导致以下现象增多还是减少？

注：本图中的数据是"有些增加""增加很多"比例之和。（n＝4025）

4. 相比其他职业，企业工作者更担心"空气污染加剧"

根据卡方检验结果，各职业背景的公众在最担心的气候变化影响类型上存在显著性差异。在各职业背景的受访者中，"疾病增多""空气污染加剧"是受访者最担心的气候变化影响类型，所占比例较大，且不同职业的受访者对同一气候变化影响类型的担心比例差异较大。表示最担心"空气污染加剧"比例最高的是企业工作者，占比为40.8%，其次是事业单位受访者（35.1%）。表示最担心"疾病增多"的比例最高的是离退休受访者，占43.3%，其次是务农受访者（39.7%）。此外，职业是军人的受访者最担心"干旱"的比例高于其他职业的受访者，为21.1%。最担心"饥荒和食物短缺"的是"其他"的受访者，最担心"冰川消融"的是在行政机关工作的受访者（见图4-139）。

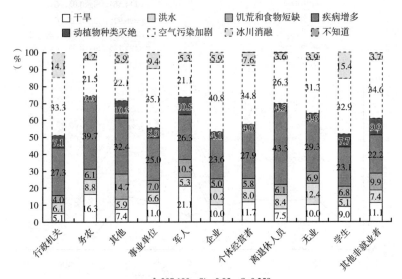

$\chi^2=287.190$，Sig<0.05，C=0.258

图4-139 相比其他职业，企业工作者更担心"空气污染加剧"

Q：您最担心哪类气候变化影响？（n=4025）

5. 军人比其他职业公众更认为"气候变化与空气污染互相影响，有协同性"

根据卡方检验结果，各职业背景的公众在对气候变化与空气污染关系的认知情况上存在显著性差异。不同职业的受访者中，认为"气候变化与空气污染互相影响，有协同性"的比例均在65%以上，其中军人受访者此项比例最高（84.2%），而有67.5%的在事业单位工作的受访者同意此观点。受访的个体经营者中认为"气候变化导致空气污染"的比例比从事其他职业的群体高，占比为16.9%。认为"空气污染导致气候变化"的受访者比例最高的为"其他非就业者"，比例为23.5%（见图4-140）。

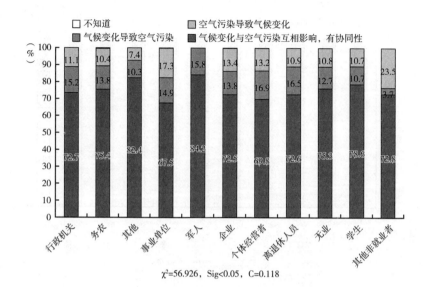

χ²=56.926，Sig<0.05，C=0.118

图4-140　军人比其他职业公众更认为"气候变化与空气污染互相影响，有协同性"

Q：您赞同下面哪种说法？（n＝4025）

三　职业与气候变化应对的认知度对比

1.务农的公众比其他职业更倾向于认为应对气候变化，减缓和适应一样重要

根据卡方检验结果，各职业背景的公众在"应对气候变化上，减缓和适应哪个更重要"问题上的认知存在显著性差异。有53.6%的务农受访者认为减缓和适应一样重要，所占比例最高，其次是军人受访者（52.6%）。认为"减缓"更重要的受访者比例最高值是"其他"受访者（63.2%），军人中认为"适应"更重要的比例为10.5%，比其他职业的占比高（见图4-141）。

2.各职业的公众对"政府""媒体""企业/商业机构"应发挥作用的认知差异显著，其中对"媒体"的认知差异最显著

根据单因素方差检验结果，各职业背景的公众对"政府""媒

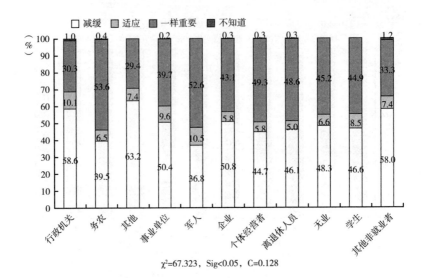

$\chi^2=67.323$，$Sig<0.05$，$C=0.128$

**图 4-141　职业在"应对气候变化上，减缓和适应
哪个更重要"问题上的认知对比**

Q：应对气候变化有减缓和适应气候变化两大对策。其中，减缓是指减少二
氧化碳等温室气体的排放，是解决气候变化问题的根本出路。适应是通过调整自
然和人类系统以应对干旱加剧、洪水增多等气候变化负面影响。您认为减缓和适
应哪个更重要？（n=4025）

体""企业/商业机构"三个角色在应对气候变化上应发挥的作用存
在显著性差异，其中"媒体"差异最显著（F=3.136）。由图4-
142可知，各职业的受访者认为五个角色在应对气候变化上，需要发
挥作用程度均高于"3"，说明五个角色都应该多发挥作用。其中，
大部分职业的受访者均认为政府应发挥最多的作用，其中在行政机
关工作的受访者给予最高分4.20，说明行政机关工作者认为政府应
该为应对气候变化发挥更多作用，其次是企业工作受访者（4.15）
和个体经营受访者（4.15）。各职业受访者对媒体应发挥作用程度的
认知差异比其他角色更明显，其中，比例最高值出现在企业工作受
访者，他们认为媒体应做得"更多"（4.05），认为媒体应发挥作用
程度最低的受访者是"其他"受访者（3.51），两者对"媒体"的

认知平均值相差 0.54。相比其他非就业者，行政机关工作者更认为环保公益组织应发挥应有的作用，而军人认为企业/商业机构应发挥最高作用（见图 4 - 142）。

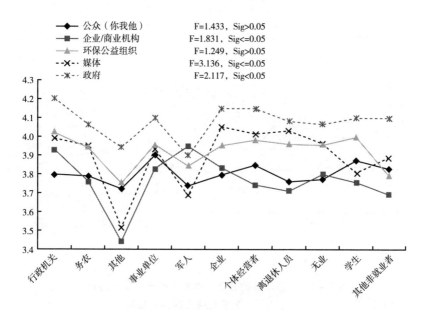

图 4 - 142   职业在"认为各角色应对气候变化发挥作用的程度"上的对比

Q：下列角色在应对气候变化问题上发挥了不同程度的作用，您认为他们应该再多做还是少做点？（n = 4025）

注：本数据中，将"不知道、最少、更少、正合适、更多、最多"的关注度分别赋值为"0、1、2、3、4、5"，即最高关注度为 5，最低关注度为 0，最终求得各均值。

3. 各职业的公众在中央应给予"空气污染"的关注度上差异最显著

根据单因素方差分析结果，各职业背景的公众在"中央应给予八个问题的关注程度"上，仅对"空气污染"问题的认知存在显著性差异，其余认知差异均不显著。由图 4 - 143 可知，大部分职业受访者认为中央应给予空气污染问题最高的关注度，包括其他、务农、事业单位从业人员、离退休人员、企业工作人员、其他非就业者、军人、无业者。其次是"水污染"问题，在行政机关工作的受访者和学生受访者把水污染列为中央应首要关注的问题（见图 4 - 143）。

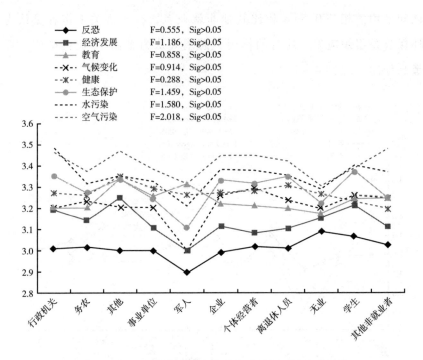

图 4 - 143　各职业的公众在中央应给予"空气污染"
的关注度上差异最显著

Q：您认为中央对以下问题应该有怎样的关注度？（n = 4025）

注：本数据中，将"低""中""高""非常高"的关注度分别赋值为"1、2、3、4"，即最高关注度为4，最低关注度为1，最终求得各均值。

4. 相比其他职业的公众，其他非就业者更关注空气污染、水污染，行政机关工作者更关注生态保护，学生更关注气候变化

根据卡方检验结果，各职业背景的公众在"高关注度的问题中，哪个最重要"上的认知存在显著性差异。本题共有2564名受访者回答，由图 4 - 144 可知，"空气污染""生态保护""健康"在各职业受访者中比例相对较高。其中，认为"空气污染"重要性最高的是受访的其他非就业者（31.5%），其次是军人（30.0%）。其他受访者是认为"健康"最重要的比例最高的群体，比例为27.3%。有25.0%受访的行政机关工作者认为"生态保护"最重要，比例最高。此外，除"个体经营者"以外，其他各职业受访者均有超过一成的受访者认为"水污

染"最重要，比例最高的是"其他非就业者"（18.5%）。有10.9%的学生受访者认为"气候变化"最重要，所占比例比其他职业高（见图4-144）。

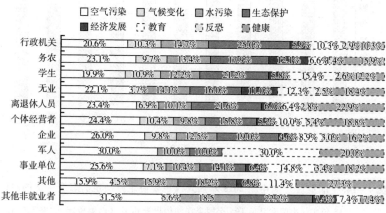

$\chi^2=136.331$, Sig<0.05, C=0.181

图4-144　职业在"高关注度的问题中，哪个最重要"问题上的认知对比

Q: 上述您认为应该有非常高关注度的问题中，哪个是最重要的？（n=2564）

注：本图中的基数是在"下列是中央政府应该关注的一些问题，您认为中央对这些问题应该有怎样的关注度？"这一调查中针对各个选项选择"非常高"的受访者样本数。

四　职业与气候变化政策的认知度对比

1. 行政机关工作者更倾向于"非常支持"中国加入《巴黎协定》

根据卡方检验结果，各职业背景的公众在"对中国2015年加入《巴黎协定》决定的态度"上存在显著性差异。各职业受访者在表示"非常支持"上的比例差异明显，最高的是行政机关受访者（65.7%），其次是在事业单位工作的受访者（64.0%）。有47.1%的其他受访者表示"一般支持"，比其他非就业者持该观点的比例高。将"非常支持"和"一般支持"比例相加得到总支持比例，其他非就业者的总支持率达97.5%，比例最高（见图4-145）。

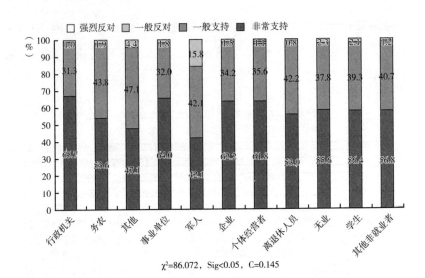

$\chi^2=86.072$，Sig<0.05，C=0.145

图 4 – 145　职业在"对中国 2015 年加入《巴黎协定》决定的态度"上的对比

Q：2015 年底，中国和其他 196 个国家在法国巴黎达成《巴黎协定》，共同应对气候变化的挑战。中国加入《巴黎协定》，您对此是非常支持、一般支持、一般反对，还是强烈反对？（n = 4025）

2. 行政机关工作者比其他职业公众更倾向于"非常支持"中国继续留在《巴黎协定》落实承诺

根据卡方检验结果，各职业背景的公众在是否支持中国继续留在《巴黎协定》落实应对气候变化的承诺上存在显著性差异。在各个职业的受访者中，有 60.6% 在行政机关工作的受访者"非常支持"中国继续留在《巴黎协定》落实承诺的决定，高于其他职业"非常支持"的比例。其次，企业工作受访者中有 56.2% 表示"非常支持"。军人中表示"一般支持"的比例最高，为 52.6%，其次是从事务农工作的受访者（49.3%）。若将"一般支持"和"非常支持"比例相加得到支持的总比例，那么在各职业受访者中，离退休人员对此政策支持比例最高，为 96.9%（见图 4 – 146）。

3. 企业工作者更倾向于"非常支持"中国政府开展应对气候变化国际合作

根据卡方检验结果，各职业背景的公众在"对中国政府开展应对气候变化国际合作的态度"上存在显著性差异。有 57.9% 的企业受访

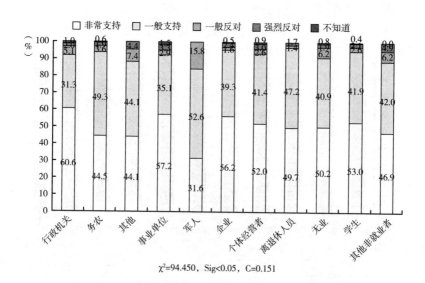

$\chi^2=94.450$, Sig<0.05, C=0.151

图4-146　行政机关工作者比其他职业公众更倾向于"非常支持"
中国继续留在《巴黎协定》落实承诺

Q：美国是全球第二大温室气体排放国，近期，美国宣布将退出《巴黎协定》，中国决定继续留在《巴黎协定》落实应对气候变化的承诺。您对此是非常支持、一般支持、一般反对，还是强烈反对？（n＝4025）

者"非常支持"中国政府开展应对气候变化国际合作，在各职业背景的受访者中比例最高，其次是在事业单位工作的受访者（57.7%）。表示"一般支持"态度的受访者比例最高的是职业为"其他"的受访者（50.0%）（见图4-147）。

4. 行政机关工作者比其他职业公众更倾向于"非常支持"政府实行二氧化碳等温室气体排放总量的控制政策

根据卡方检验结果，各职业背景的公众在"对政府实行二氧化碳等温室气体排放总量控制政策的态度"上存在显著性差异。大部分职业背景的受访者表示"非常支持"的比例超过五成，行政机关受访者的比例最高（71.7%），第二高的是企业受访者（68.5%），军人受访者表示"非常支持"的比例为36.8%，与最大值相差34.9个百分点。同时，军人中有47.4%的受访者对温室气体排放总量控制政策表示"一般支持"，所占比例在各职业中最高（见图4-148）。

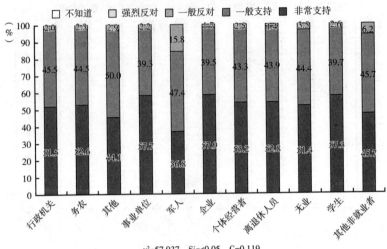

$\chi^2=57.937$，Sig<0.05，C=0.119

图 4 - 147 职业在"对中国政府开展应对气候变化国际合作的态度"上的对比

Q：中国政府努力开展气候变化领域的国际合作，即支持相对贫困的发展中国家减缓和适应气候变化。您对此是非常支持、一般支持、一般反对，还是强烈反对？（n = 4025）

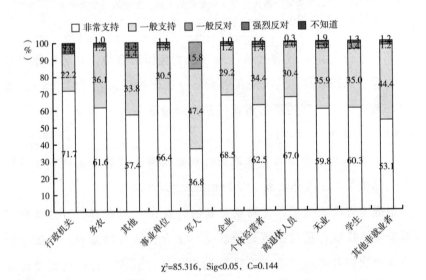

$\chi^2=85.316$，Sig<0.05，C=0.144

图 4 - 148 职业在"对政府实行二氧化碳等温室气体排放总量控制政策的态度"上的对比

Q：在国内，政府对二氧化碳等温室气体排放要实行总量控制（即排放不能超过上限）。您对此是非常支持、一般支持、一般反对，还是强烈反对？（n = 4025）

5. 不同职业的公众对政府采取的"建立全国碳排放权交易市场"减缓措施支持态度的差异最显著

根据卡方检验结果，各职业背景的公众对政府采取的"建立全国碳排放权交易市场""每年六月组织全国低碳日，开展低碳宣传""启动低碳城镇、低碳社区试点""减少燃煤电厂污染排放""鼓励购买小排量汽车、节能汽车、新能源车辆""加快太阳能、风能等清洁能源发展"六项减缓措施的支持情况存在显著性差异，对其余两项措施的支持情况无显著性差异。根据折线图和卡方检验结果可知，在六项差异显著的减缓措施中，各职业背景公众对"建立全国碳排放权交易市场"的支持情况差异最显著（$\chi^2 = 112.391$）。其中，务农受访者支持"建立全国碳排放权交易市场"措施的比例最低，军人受访者对"加快太阳能、风能等清洁能源发展"措施的支持比例比其他职业受访者低（见图4-149）。

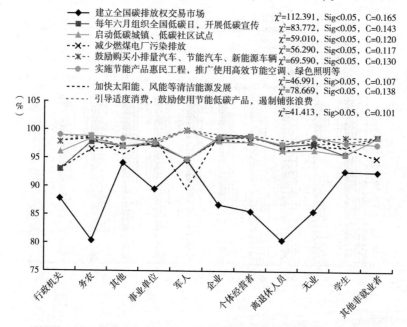

图4-149 职业在"对政府采取各项减缓措施的态度"上的对比

Q：您对政府采取的各项减缓措施，是非常支持、一般支持、一般反对，还是强烈反对？（n=4025）

注：本数据选取"一般支持"和"非常支持"比例，相加得到支持比例。

6. 各职业公众对"气候变化对生物多样性影响的跟踪监测与评估"适应措施的看法差异最显著

根据卡方检验结果，各职业背景的公众对政府采取的"加强防灾减灾基础设施建设""气候变化对生物多样性影响的跟踪监测与评估""城市内涝风险预警""加大沿海地区海洋生态修复力度""制定气候变化影响人群健康应急预案"五项适应措施的看法存在显著性差异，其中，各职业公众对"气候变化对生物多样性影响的跟踪监测与评估"措施的看法差异最显著（$\chi^2 = 74.866$）。而公众对其余两项适应措施的看法无显著性差异。根据图4-150中各职业对七项措施的支持比例，大部分适应措施的支持比例均超过八成，仅对"加强防灾减灾基础设施建设"措施的支持比例不超过50.0%，是七项措施中支持程度最低的措施。其中，军人受访者支持"城市内涝风险预警"的比例达100.0%（见图4-150）。

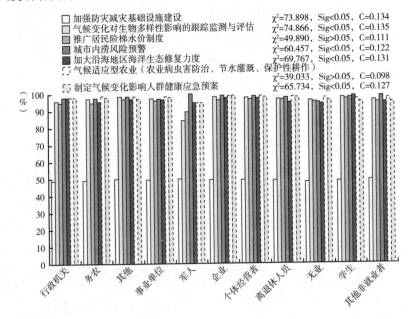

图4-150 职业在"对政府采取各项适应措施的支持情况"上的对比

Q：您对政府采取的各项适应措施，是非常支持、一般支持、一般反对，还是强烈反对？（n=4025）

注：本数据选取"一般支持"和"非常支持"比例，相加得到支持比例。

7. 各职业公众对学校开展气候变化相关教育的支持情况无显著性差异

根据卡方检验结果，各职业背景的公众对学校开展气候变化相关教育的支持情况不存在显著性差异。在不同职业的受访者中，均有超过96.0%（"非常支持"与"一般支持"比例之和）的受访者表示支持学校开展气候变化相关教育，其他受访者和军人受访者支持率均为100.0%。在表示"非常支持"的受访者中，个体经营受访者的比例最高（82.5%），其次是离退休人员（77.7%）和事业单位工作者（77.2%）。表示"一般支持"比例最高的是军人受访者（36.8%），最低的是个体经营者（17.0%）（见图4－151）。

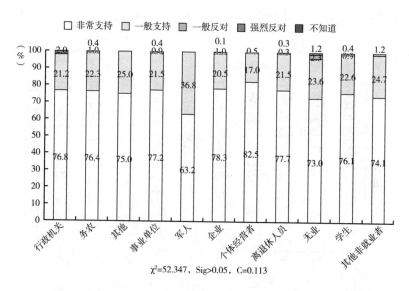

χ^2=52.347，Sig>0.05，C=0.113

图4－151 职业在"是否支持学校开展气候变化相关教育"上的对比

Q：您支持学校教育孩子们学习气候变化的成因、影响和解决方案吗？（n＝4025）

五 职业与气候变化行动的执行度对比

1. "其他非就业者"的公众最愿意多支付钱购买气候友好型产品，其次是在事业单位工作的公众

根据卡方检验结果，各职业背景的公众在"多支付几成钱购买气

候友好型产品的意愿"上存在显著性差异。职业是"其他非就业者"的受访者最愿意多支付钱购买气候友好型产品，比例为86.5%，其次是事业单位受访者（86.1%）。最愿意多支付"三成以上"购买气候友好型产品的是其他职业受访者（19.1%），其次是比例为15.8%的军人受访者。有23.5%的"其他非就业者"和19.2%行政机关受访者表示愿意多支付"三成"，所占比例分别居"三成"中第一、第二位。多支付"二成"钱购买气候友好型产品更容易被事业单位受访者接受，所占比例最高（34.4%）。31.3%的企业受访者最愿意多支付"一成"钱，其次是离退休人员和无业的受访者。相比之下，有近半数的务农受访者表示不愿意多支付钱购买气候友好型产品（见图4-152）。

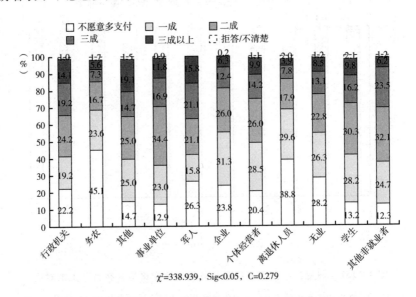

$\chi^2 = 338.939$, Sig<0.05, C=0.279

图4-152 职业在"多支付几成钱购买气候友好型产品的意愿"上的对比

Q：如果购买气候友好型产品（对应对气候变化有贡献的产品）需要花更多的钱，如风能、太阳能产品、绿色建筑（即从建筑的建材选择、修建施工到装修和销售的全过程，最大限度地节约资源、保护环境和减少污染）等，您最多愿意多支付几成的价格？（n=4025）

2. 学生最愿意为自己的碳排放全价埋单，其次是在行政机关和事业单位工作的公众

根据卡方检验结果，各职业背景的公众在"为自己的碳排放全价

埋单的意愿程度"上存在显著性差异。在问及是否愿意为自己的碳排放全价（200 元）埋单时，有 42.7% 的学生受访者表示愿意，在所有职业的受访者中占比最大。其次是行政机关受访者（40.4%）和事业单位受访者（40.4%）。军人受访者中，愿意支付 100 元的比例为47.4%，远超过其他职业的受访者比例。"其他非就业者"受访者愿意支付 50 元的比例最高（17.3%），其次是学生受访者和无业者。而务农的受访者最愿意支付 25 元来为碳排放埋单的比例为 32.8%（见图4 - 153）。

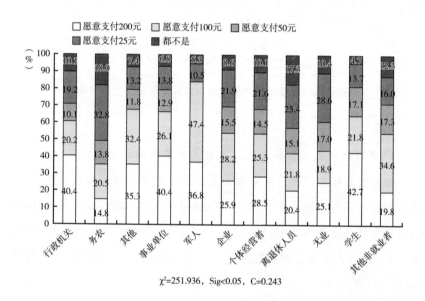

χ^2=251.936，Sig<0.05，C=0.243

图 4 - 153　职业在"为自己的碳排放全价埋单的意愿程度"上的对比

Q：我们每个人平时坐车、乘坐飞机、购物都会产生碳排放，如果为您全部的碳排放付费每年需要 200 元人民币，你个人愿意支付多少？（n = 4025）

3. 学生使用过共享单车的比例比其他职业公众高，其次是军人

根据卡方检验结果，各职业背景的公众在"是否使用过共享单车"上存在显著性差异。在问及是否使用过共享单车时，学生受访者使用过共享单车的比例最高，为 68.8%，其次是军人受访者（68.4%）。仅有19.6% 的离退休受访者使用过共享单车，比例最低（见图 4 - 154）。

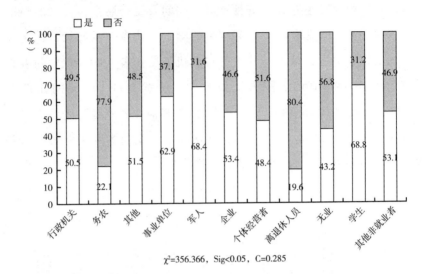

χ^2=356.366，Sig<0.05，C=0.285

图4-154　职业在"是否使用过共享单车"上的对比

Q：您使用过共享单车吗？（n=4025）

4. 在行政机关工作的公众更支持共享单车出行方式，其次是学生

根据卡方检验结果，各职业背景的公众对共享单车出行方式的支持情况存在显著性差异。在各职业背景的受访者中，在行政机关工作的受访者最支持共享单车出行方式，支持比例为98.0%，其次是学生受访者（97.0%）。支持比例最低的是务农的受访者，仅为83.9%（见图4-155）。

5. 在行政机关工作的公众比其他职业更知道家庭和单位安装太阳能光伏板发电的用处

根据卡方检验结果，各职业背景的公众在"对家庭和单位安装太阳能光伏板发电用处的了解情况"上存在显著性差异。68.7%的行政机关受访者知道家庭和单位安装太阳能光伏板发电的用处，占比最高。其次是事业单位受访者（64.3%）。而离退休人员中仅有47.2%对安装太阳能光伏板发电的用处有所了解，比例最低（见图4-156）。

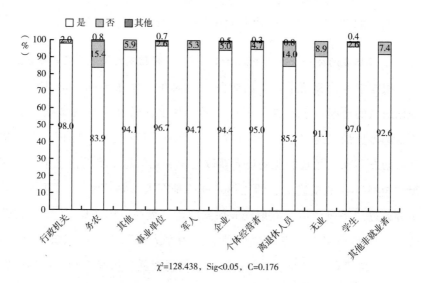

χ²=128.438，Sig<0.05，C=0.176

图 4 - 155 职业在 "是否支持共享单车的出行方式" 上的对比

Q：您支持共享单车这种出行方式吗？（n = 4025）

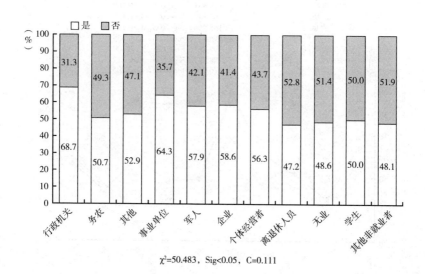

χ²=50.483，Sig<0.05，C=0.111

**图 4 - 156 职业在 "对家庭和单位安装太阳能光伏板发电
用处的了解情况" 上的对比**

Q：您听说过如果在家中或工作单位安装太阳能光伏板（即用太阳能发电的
太阳能板），发的电除了自用还可以卖给国家电网吗？（n = 4025）

六 职业与气候传播效力效果评价对比

1. 各职业的公众通过"手机微信"获取气候信息的使用情况差异最显著

根据卡方检验结果，不同职业的公众在"使用不同渠道获取气候变化信息的情况"上存在显著性差异，其中，通过"手机微信"获取信息的差异最显著（$\chi^2=595.147$）。由图 4 – 157 可知，电视、手机微信、朋友和家人是各职业受访者获取气候变化信息主要的信息渠道。使用"电视"获取气候信息的比例最高的是军人（94.7%），"其他"受访者通过"手机微信"获取气候信息的比例最高（91.2%），最大比例通过"朋友和家人"获取气候信息的为军人受访者（84.2%）。使用"广播"和"杂志"获取气候信息的比例均较低，仅有不到三成的务农受访者使用杂志收集气候信息（见图 4 – 157）。

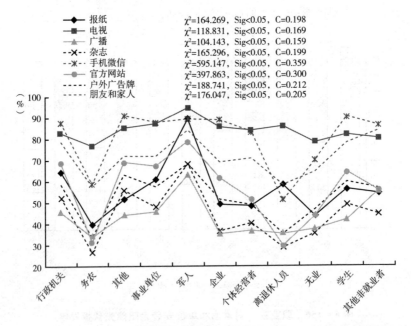

图 4 – 157 职业在"使用不同渠道获取气候变化信息的情况"上的对比

Q：您从下面渠道获取气候变化信息的频率是多少？（n = 4025）

注："使用率" = "一年一次或更少" + "一年很多次" + "至少一月一次" + "至少一周一次"。

2. 各职业的公众对"气候变化和日常生活的关系"的期望了解程
度差异最显著

根据卡方检验结果,不同职业的公众"对不同气候相关信息的了
解期望"存在显著性差异,其中,各职业的公众对"气候变化和日常
生活的关系"的了解态度差异最显著($\chi^2 = 95.327$)。在各职业背景的
受访者中,学生受访者期望了解"气候变化成因"的比例最高
(93.2%)。分别有95.3%和94.8%的企业受访者表示期望了解"气候
变化影响和危害"和"气候变化解决方案"。"其他"受访者对"气候
变化政策"感兴趣的比例最高,为94.1%,而在行政机关工作的受访者
和学生受访者想了解"气候变化和日常生活的关系"的比例最高
(94.9%)。对"个人可以采取什么行动应对气候变化"期望了解比例最
高的是学生受访者(94.9%)(见图4-158)。

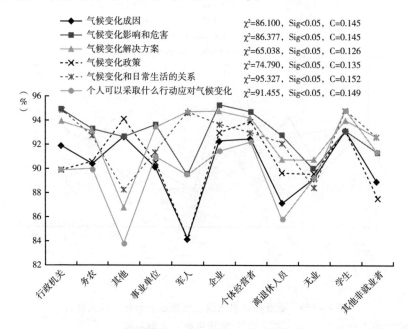

图4-158　职业在"对不同气候相关信息的了解期望"上的对比

Q:以下气候变化相关的信息,您希望了解的程度如何?(n=4025)
注:"期望了解比例"="多一点"+"一般多"+"非常多"。

3. 不同职业的公众对中央政府的信任情况差异最显著

根据卡方检验结果，不同职业的公众在"对气候变化信息发布机构或人群的信任情况"上存在显著性差异。由图4-159可知，中央政府是人们普遍最信任的信息源，包括行政机关受访者、其他职业受访者、事业单位受访者、军人受访者、个体经营者受访者、学生受访者、无业受访者和其他非就业者受访者。离退休人员受访者最信任企业发布的气候变化信息，其次是网络意见领袖。部分职业受访者对新闻媒体发布的气候变化信息的信任度较低，其中在企业工作的受访者对新闻媒体的气候变化信息的信任比例最低（见图4-159）。

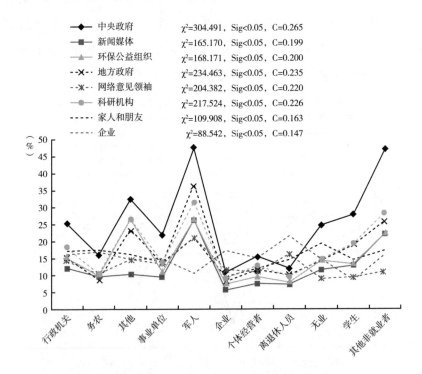

图4-159　职业在"对气候变化信息发布机构或人群的信任情况"上的对比

Q：您是否相信下列机构或人群发布的气候变化信息？（n=4025）
注：本图使用的数据是选择"非常信任"的受访者比例

4. 职业为"无业"的公众比其他职业公众更关注环境新闻

根据卡方检验结果，不同职业的公众在"最关注的新闻类型"上情况存在显著性差异。从各职业最关注的新闻类型结果来看，无业受访者表示最关注环境新闻（如空气质量、水污染等）的比例为15.4%，与其他职业受访者相比最高，其次是离退休人员受访者（14.0%），而其他非就业者的受访者最关注环境新闻的比例最低（9.9%）。军人受访者关注政治新闻的比例最高，离退休人员受访者中最关注的是社会新闻（见图4-160）。

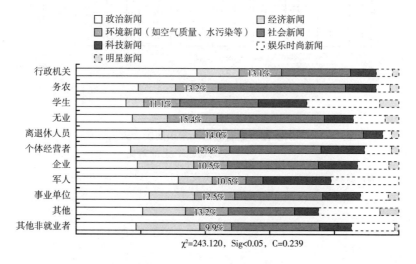

χ²=243.120, Sig<0.05, C=0.239

图4-160　职业在"最关注的新闻类型"上的对比

Q：您最关注哪类新闻？（n=4025）

5. 离退休人员更愿意和家人、朋友分享气候变化相关信息

根据卡方检验结果，不同职业的公众在气候变化信息分享意愿度上存在显著性差异。在不同职业背景的受访者中，表示愿意和周围朋友、家人分享气候变化信息比例最高的是离退休人员受访者（98.9%），其次是在企业工作的受访者（98.5%），再次是从事个体经营的受访者（98.0%）。在此调查中表示"愿意"的"其他"受访者和军人受访者比例分别是91.2%和94.7%。"其他"受访者表示"不愿意"的比例

最高，为8.8%（见图4－161）。由此可见，不同职业的公众分享气候变化信息的意愿不同。

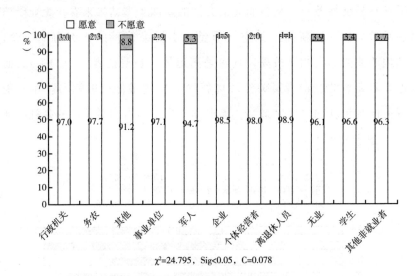

χ²=24.795，Sig<0.05，C=0.078

图4－161　职业在"是否愿意和周围朋友、家人分享气候变化信息"上的对比

Q：您愿意和周围朋友、家人分享气候变化相关信息吗？（n＝4025）

第五章　国际视角下的公众气候认知

通过第四章的数据分析可以发现，中国公众对气候变化事实、影响、政策、应对等问题的认知度普遍较高，本章将对国内外研究机构针对或者涉及中国公众气候认知的调研进行梳理。经梳理我们发现，中国公众对气候变化现象、原因和影响的认知度普遍较高，并且大多数中国公众都有意愿改变生活方式，或者支付额外的费用购买更为绿色低碳的商品。此外，在 2017 年美国政府宣布将退出《巴黎协定》、全球气候治理面临新挑战之后，中国公众对国际气候合作支持并未减少。

第一节　国际视角下的中国公众气候认知

一　对气候变化的总体认知和关注情况

一般态度调查倾向于考察各种国际问题，并未特别关注与气候相关的主题。与气候相关的问题通常涉及全球变暖的意识、严重性以及可察觉的原因和影响。例如，美国皮尤研究中心 2015 年春季全球态度调查中①，共有 3649 名中国受访者被问及他们是否将"全球气候变化"视

---

① http：//www. pewglobal. org/2015/11/05/2015 – climate – change – survey – presentation/.

为七大国际话题中最具危险性的问题，其中，大多数中国受访者表示，气候变化至少应被视为"略为严重"的问题。GlobeScan 在 2015 年进行的全球 21 国民意调查中①，也对受访者提出了包括"温室效应导致的气候变化或全球变暖的严重程度"以及"导致极端天气的主要原因"在内的问题。调查结果显示，77% 的中国受访者认为气候变化至少应被视为"略为严重"的问题，还有 23% 的受访者认为气候变化属于"非常严重"的问题。此类调查表明，中国人十分关注气候变化，且大多数人将其视为严重问题，尽管他们对该问题所产生的不利影响的关切程度不及其他全球政治经济问题。

值得指出的是，此类调查在抽样过程中不成比例地偏向对城市人口进行调研。例如，2006 年的皮尤调查在中国六个城市和周边农村地区不成比例地抽取了 2180 个概率样本。② 虽然 10 年后的 2015 年皮尤调查已经将研究范围扩展至中国各地区、县级市和各县的 77 个主要抽样单位，但调查数据仍然来自 3649 名不成比例的城市地区受访者，因此需要进行加权以反映中国城市与农村实际的人口分布情况。在 2015 年 GlobeScan 调查中，1000 名中国受访者主要来自城市地区，此类地区的人口占全国成年人口的 64%。③ 除此之外还存在其他方法问题，例如单纯依赖基于互联网的调查方法使得调查结果只能代表中国城市地区的"大众富裕阶级"，特别是在 2010 年之前，当时的互联网用户不到总人口的 35%。④

---

① https：//globescan. com/wealthy – countries – less – concerned – about – climate – change – global – poll/.

② Kohut, Andrew, C. Doherty, and R. Wike. No Global Warming Alarm in the US, China: America's Image Slips, but Allies Share US Concerns over Iran, Hamas, 15 – Nation Pew Global Attitudes Survey. Pew Research Center, Washington, DC. Retrieved May 6 (2006).

③ Wealthy Countries Less Concerned about Climate Change: Global Poll. (2015, November 27). Retrieved July 13, 2018, from https：//globescan. com/wealthy – countries – less – concerned – about – climate – change – global – poll/.

④ http：//www. internetlivestats. com/internet – users/china/.

二 公众对气候变化行动的支持率

总体而言，国际同行的公众认知调查都在探寻中国受访者在三类行动类别中的后续表现，即人们为低碳政策或可持续产品支付更多费用的意愿、潜在的生活方式调整以及他们对国际合作或国内政策（各种气候适应和减缓措施）的看法（见表 5-1）。

2009 年世界银行调查报告显示，约 60% 居住在发展中国家的受访者认为本国政府应当优先考虑气候变化问题，大多数公民均认为本国政府应对气候变化承担一定的责任。[1] 具体而言，若干调查结果显示，同意中国应采取应对气候变化行动的中国公民占有极大比例，尽管一半以上的中国人认为"富国应该承担更多的责任"。首尔国立科技大学和调查局以及南加州大学的研究人员联合进行的一项调查显示，98% 的中国人认为中国"有责任应对气候变化"。[2] 2015 年皮尤 15 国全球态度调查显示，71% 的中国公众支持中国"将温室气体排放限制添加到国际协议中"。[3]

高支持率在某种程度上表明中国公众愿意承担与政策变化和改变生活方式相关的成本。在 2009 年世界银行调查中[4]，68% 的中国受访者表示愿意针对气候行动贡献 1% 的国家 GDP。美国威斯康星大学欧克莱尔分校在 2018 年的调查结果中显示，"中国成人和大学生群体的支付意愿是美国同类群体的两倍以上"。[5] 关于商业领域的行动意愿，一批中

[1] Bank, T. W. Public attitudes toward climate change: findings from a multicountry poll. Washington, DC: The World Bank, 1Á83.

[2] Kim, S. Y., & Wolinsky-Nahmias, Y. 2010. Cross-national public opinion on climate change: The effects of affluence and vulnerability. Global Environmental Politics, 14 (1), 2014.

[3] Kohut, A., Doherty, C., & Wike, R. (n. d.). 15 - Nation Pew Global Attitudes Survey, 62. (2015).

[4] Bank, T. W.. Public attitudes toward climate change: findings from amulticountry poll. Washington, DC: The World Bank, 1Á83.

[5] Winden, M., Jamelske, E., & Tvinnereim, E. A contingent valuation study comparing citizen's willingness-to-pay for climate change Mitigation in China and the United States. Environmental Economics & Policy Studies, 20 (2), 2018.

国和日本学者在 2013 年对太仓市公司开展了一项联合调查，太仓市是江苏省的一个县级市，南边与上海相邻。此项调查进一步调查了中国企业对能源成本上升的可承受性。在 121 名有效受访者中，当地化学和染色行业对碳定价政策导致的成本上升表现出较高的可承受性，平均可接受的能源成本增幅分别为 9.8% 和 9.4%，参与调查的所有公司的平均增幅为 8.5%。[①]

关于生活方式的调整，2008 年的汇丰银行调查对"受访者是否为了应对气候变化而改变其生活方式"进行了研究，结果显示中国得分最高（56%）。2015 年皮尤研究中心的调查结果显示，58% 的中国受访者认为"有必要改变生活方式以减少气候变化带来的影响"，而不是单纯依靠技术来"解决问题"。

此外，调查报告显示，中国公众对国际适应和减缓措施同样给予了高度支持。[②] 2013 年的 GfK SE 调查结果显示，54% 的中国受访者认为"此前的国际协议在应对气候变化方面相当成功或非常成功"，这一比例远高于美国（22%）或德国（8%）。此外，中国受访者倾向于认为未来的国际协议将对所有国家发挥重要的积极作用。[③] 在签署历史性的《巴黎协定》后，中国公众开始对国际气候协议表现出更大的信心和支持力度。根据 2017 年中国气候传播中心的调查结果，96.3% 的受访者对中国加入《巴黎协定》表现出"略微支持"或"大力支持"的态度，96.8% 的受访者支持中国为应对气候变化国际合作所做的努力。实证研究结果表明，对环境或气候、媒体曝光和政治立场的观念与认知是提升公众支持率的重要驱动因素。此类研究为提

---

① Liu, X., Niu, D., Bao, C., Suk, S., & Sudo, K.. Affordability of energy cost increases for companies due to market-based climate policies: A survey in Taicang, China. Applied Energy, 102, 2013.

② Jamelske, E., Boulter, J., WonY., Miller, L., & Wen L.. Support for an International Climate Change Treaty among American and Chinese Adults. International Journal of Climate Change: Impacts & Responses. Mar2017, Vol. 9 Issue 1, 2017.

③ Schleich, J. et al.. Citizens' perceptions of justice in international climate policy, Climate Policy DOI: 10.1080/14693062.2014.979129.2014.

升对国际气候政策的接受程度设定了起点并对相关社会群体进行了分层。

表5-1　涉及中国公众的部分认知调查

题目	年份	样本数量（n=）	研究机构（人员）	主要问题
全球调查	1998	不适用	GlobeScan	气候变化的严重程度
皮尤15国全球态度调查	2006	2180	皮尤研究中心	1. 你听说过全球变暖吗？ 2. 你对全球变暖的担忧程度如何？
汇丰气候信心指数	2007	1000	汇丰银行 Lightspeed Research	1. 公众对气候变化的关注、信心、承诺和乐观程度 2. 对于该主题有何补充说明？
气候信心监测	2008	1000	"汇丰与气候伙伴同行"项目 Lightspeed Research	公众对气候变化的关注、信心、承诺和乐观程度
气候信心监测	2009	1000	"汇丰与气候伙伴同行"项目 Lightspeed Research	公众对气候变化的关注、信心、承诺和乐观程度
气候信心监测	2010	1000	"汇丰与气候伙伴同行"项目 Lightspeed Research	公众对气候变化的关注、信心、承诺和乐观程度
2009年全球调查	2009	不适用	GlobeScan	国家是否应该在国际COP会议中发挥领导作用
公众对气候变化的态度	2009	1010	WorldPublicOpinion.org 世界银行	1. 关注程度 2. 对气候变化的看法 3. 对国际气候变化合作的态度 4. 减缓和适应措施的成本
中国公众对气候变化的认知与气候变化传播	2012	4169	中国气候传播项目中心	气候变化理念、对气候变化影响的看法、应对气候变化、支持环境政策、气候变化传播

续表

题目	年份	样本数量（n =）	研究机构（人员）	主要问题
德国、中国和美国的国际气候政策民意调查	2013	1430	GfK SE（Gesellschaft für Konsumforschung）	1. 气候变化的个人评价 2. 对国际气候政策和谈判的态度 3. 气候友好措施和二氧化碳抵消方案的个人参与度
2015 年春季全球态度调查	2015	3649	皮尤研究中心（该中心于 2014 年和 2016 年在中国开展了全球态度调查）	1. 对气候变化及其后果的关注 2. 应对气候变化行动的公众支持率
2015 年 21 国民意调查	2015	1000	GlobeScan	1. 气候变化的严重程度 2. 国家是否应该在国际 COP 会议中发挥领导作用
中国综合社会调查	2010	3716	国家调查研究中心 中国人民大学	1. 我国最主要的环境问题是什么？（包括气候变化） 2. 气候变化的原因 3. 气候变化对个人和家庭的影响 4. 气候变化引起全球气温上升的严重程度 5. 公众应对气候变化的行动
中国公众对气候变化的看法	2012	509（21 个省、4 个自治区和 4 个直辖市，北京收集的样本数量为 237）	北京理工大学	1. 对气候变化的敏感性和关注程度 2. 对气候变化原因的看法 3. 对气候变化影响的看法 4. 对政府公信力和应对气候变化的政策影响力持何种态度
美国和中国成人群体对国际气候变化条约的支持	2013	2047	Eric Jamelske James Boulter Won Yong Jang Laurie Miller Wen Li Han	1. 对气候变化的认知和理解 2. 媒体曝光 3. 对国际气候条约的支持率

续表

题目	年份	样本数量 （n =）	研究机构（人员）	主要问题
公民对气候变化适应和减缓措施的接受度：对中国、德国和美国进行的调查			Claudia Schwirplies	
可再生能源支持率	2016	2086 名互联网用户	Dingding Chen Chao-yo Cheng Johannes Urpelainen	中国公众对可再生能源的看法
了解中国民众对气候变化的风险认知：媒体运用、个人经验和文化世界观	2017	516	Xiao Wang	文化世界观、媒体运用、对非人类环境的感知风险以及对人类的感知风险是否可用于预测中国的政策支持？
中国民众对气候变化的看法	2017	4025	中国气候传播项目中心	气候变化理念、气候变化影响、应对气候变化、支持气候政策、实施气候行动、气候变化传播
对比中国和美国公民对气候变化减缓措施的支付意愿	2018	不适用	Mattew Widen Eric Jamelske Endre Tvinnereim	使用双界二元选择条件价值评估法评估美国和中国公民对气候变化行动的支付意愿（WTP）

第二节　案例分析：中美公众气候认知对比及其策略应用

本书核心观点认为，气候传播是气候治理的策略工具。2012 年和 2017 年的两次中国公众认知调研都是特定阶段的气候传播策略设计，在国内和国际两个层面发挥了特定作用。本节将通过分析中美跨国对比案例，进一步解释公众认知研究在进程中发挥的作用。

一　气候传播策略应用案例解析

2017 年联合国波恩气候大会期间，中国气候传播项目中心和耶鲁大学气候传播项目在大会现场联合主办"中美公众气候变化认知状况比较"边会，发布了各自最新的国别公众气候认知调研发现，并联合发布了最新的研究成果——中美公众气候认知对比发现。

该项研究即是双方结合最新的全球气候治理形势开展的针对性气候传播策略安排。2017 年年初，美国联邦政府宣布将退出《巴黎协定》，为全球气候治理进程蒙上了阴影。中国气候传播项目中心和耶鲁大学气候变化传播项目基于以往的研究经验和数据分析做出预判，两国公众中大多数应该是不支持美国退约的，而来自公众的支持无疑可以提振国际社会坚定推进气候进程的信念。

在这个预判基础上，双方在各自正在进行的全国调研中同时插入了相应的问题：你是否支持或反对本国加入《巴黎协定》？

数据显示，绝大多数中国受访者（96%）都支持中国加入《巴黎协定》，四分之三的美国受访者（77%）支持美国加入《巴黎协定》（见图 5 - 1）。①

紧接着的第二个问题更加紧扣策略目标来设计。结合美国总统特朗普宣布将退出《巴黎协定》的背景，针对中国受访者的问题是：你是否支持或反对中国继续履行《巴黎协定》？针对美国受访者的问题是：你是否支持或反对特朗普总统宣布退出《巴黎协定》？

数据显示，绝大多数中国人（95%）都支持中国继续履行该协定，大约三分之二的美国人对特朗普的决定持反对意见（见图 5 - 2）。

---

① http：//climatecommunication. yale. edu/publications/politics - global - warming - october - 2017/.

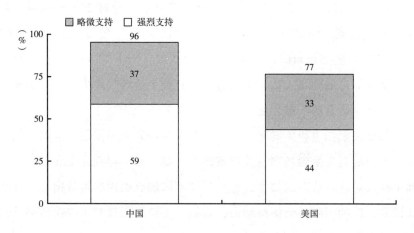

图 5 - 1　绝大多数中国人都支持中国加入《巴黎协定》，
四分之三的美国人支持美国加入该协定

Q：你是否支持或反对［本国］加入《巴黎协定》？
中国：2017 年 8 月（n = 4025）
美国：2017 年 10 月（n = 1140）

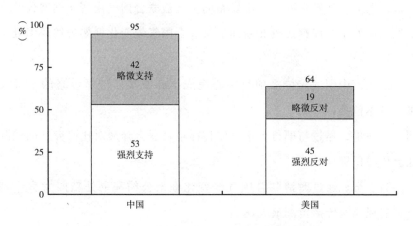

图 5 - 2　特朗普宣布美国将退出《巴黎协定》，
绝大多数中国人支持中国继续履行该协定，
大约三分之二的美国人对特朗普的决定持反对意见

Q：美国总统特朗普宣布美国将退出《巴黎协定》。
你是否支持或反对［中国继续履行/特朗普总统宣布退出］《巴黎协定》？
中国：2017 年 8 月（n = 4025）
美国：2017 年 10 月（n = 1140）

这场边会在联合国波恩气候大会现场吸引了超过 200 人到场（场内能容纳接近 150 人），受邀参加的《联合国气候变化框架公约》（UNFCCC）秘书处新闻发言人尼克·纳托尔（Nick Nuttall）先生表示，这是他参加过的到场人数最多的边会，打破了这届气候大会的边会观众记录，可见话题的火爆程度。

如果说紧扣进程关键问题通过公众认知调研实现推动是策略的第一步，邀请尼克先生到场则是关键策略中的第二环。尼克先生在现场感受到了观众对这场边会的热情，他在后续不同场合引用这组数据，传递积极信号，鼓励国际社会保持动力，这样，关键数据就有了二次传播从而继续扩大舆论影响的机会。

在这次成功的基础上，中国气候传播项目中心果断联系联合国气候变化框架公约秘书处，申请在官方发布厅专门发布了中国公众气候认知报告英文版，详细介绍了中国公众对气候变化事实、影响、政策、应对和传播渠道的认知情况。这次发布的实况被联合国气候变化框架公约秘书处档案处永久保存。英文新闻稿被联合国气候变化框架公约秘书处官方采用。

至此，中国气候传播项目中心完成了此次气候传播策略的全部安排。具体包括：

第一步，通过与耶鲁大学气候传播项目联合开展对比研究，向国际社会传递积极信号。

第二步，通过邀请联合国气候变化框架公约秘书处新闻发言人到场，实现二次传播范围最大化。

第三步，通过在官方发布厅发布英文版报告，向国际社会传递中国公众的声音，让国际社会感受到中国在应对气候变化问题上的"上下一心"，中国政府积极应对气候变化有坚实民意基础，公众支持是中国在全球气候治理进程中从跟随者转型为参与者、贡献者和引领者的强大后盾。

我们再从传播学的角度来总结一下。对六大传播要素（谁 Who、内容 What、时间 When、地点 Where、为什么 Why、怎么样 How）的精准把握是传播成功与否的关键。在这次气候传播策略设计中，发布主体（Who）是中美两家独立的本土机构，两家机构的专业背景和良好国际声誉是发布内容客观公正的保证；内容（What）是中国公众对《巴黎协定》的态度，紧扣进程，而且切中国际社会普遍关注的民意问题；时间（When）是美国总统特朗普宣布将退出《巴黎协定》的第一次气候大会；地点（Where）选在气候大会场内的发布厅，关心进程的人都在这里；理由（Why）是基于前期专业经验和对公众认知调研作用的理解预判这样的安排会发生作用；形式（How）就是一场边会加一场英文发布会，使传播效果在广度和深度两个层次都实现最大化，从而对全球气候治理进程发挥助力作用。

二　中美对比研究的其他发现

在这次中美对比研究中，还有一些有价值的发现，虽然不像前面一组问题那样发挥立竿见影的作用，但对于帮助我们理解中美公众对气候变化的认知程度及可能采取的传播策略也有后续研究与合作的启发意义。

针对"你是否认为全球正在变暖"的问题，94.4%的中国人认为全球正在变暖，对此持肯定态度的美国人占71%，而中美受访者中"否认者"比例仅分别为5.3%和13%（见图5-3）。

关于"你对全球变暖的担心程度"的问题，近五分之四的中国人和三分之二的美国人对气候变化/全球变暖表示担忧，美国人的焦虑情绪更加强烈，五分之一的受访者表示"非常担忧"，持相同态度的中国受访者比例为16.3%（见图5-4）。美国受访者还被问及其对该问题的情绪反应，大多数人对此表示"关注"（67%），超过一半的受访者感到"反感"（55%）或"无助"（52%）。

在"你认为什么是全球变暖的主要原因"的回答中，三分之二的中国人认为人类活动是全球变暖的主要原因，持这种观点的美国人有一

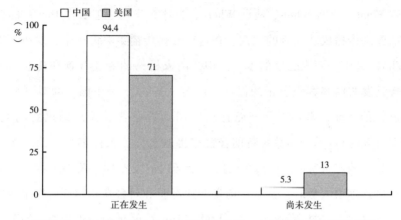

图 5 - 3　超九成中国人认为全球正在变暖，七成美国人持肯定态度

Q：你是否认为全球正在变暖？
中国：2017 年 8 月 （n＝4025）
美国：2017 年 10 月 （n＝1140）

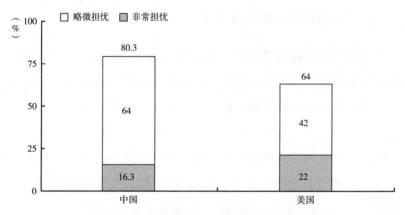

图 5 - 4　八成中国人对全球变暖表示担忧，
更多美国人表示"非常担忧"

Q：你对全球变暖的担忧程度是怎样的？
中国：2017 年 8 月 （n＝4025）
美国：2017 年 10 月 （n＝1140）

半以上。大多数中国人都能够将气候变化与"炎热""雾霾"和"全球变暖"等负面现象联系起来（见图 5 - 5）。

　　谈到全球变暖的危害程度，三分之一的中国受访者和近一半的美国受访者认为气候变化/全球变暖至少会对其个人和/或家庭造成中等程度

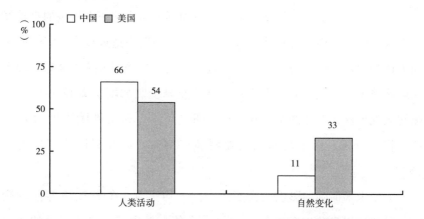

图5-5 三分之二的中国人认为人类活动是全球变暖的主要原因，一半以上的美国人对此表示赞同

Q：你认为什么是全球变暖的主要原因？
中国：2017年8月（n=4025）
美国：2017年10月（n=1140）

的危害。关于该问题是否会对后代造成危害，中美持肯定态度的受访者比例分别增加到78%和75%（见图5-6）。

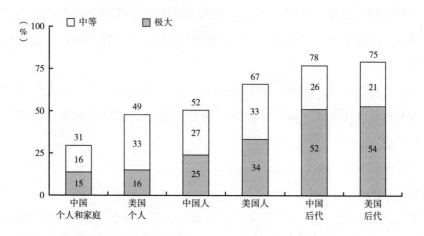

图5-6 中美受访者认为全球变暖的威胁还很遥远

Q：全球变暖的危害程度？
中国：2017年8月（n=4025）
美国：2017年10月（n=1140）

中国公众较少将气候变化带来的负面影响与本国正在发生的事情联系起来。52%的中国公众认为气候变化会对中国人造成危害，67%的美国人认为他们的同胞会受到影响。近三分之二的美国人认为全球变暖正在影响美国的天气，其中大多数人认为全球变暖加剧了2017年的几次极端天气事件，例如袭击加利福尼亚州（55%）和亚利桑那州（51%）的热浪，哈维、伊尔玛和玛丽亚飓风（54%）以及美国西部的野火（52%）。

关于未来面临的影响，大多数美国人均认为，在未来20年全球变暖将导致冰川融化（67%）并加剧潜在的自然灾害，包括严重的热浪（64%）、干旱和水资源短缺（63%）以及洪水（61%）。同样，中国公众也指出了气候变化在未来20年对中国造成的影响——流行病（91.3%）、干旱和水资源短缺（89.8%）、洪水（88.2%）、冰川融化（88.0%）、植物和动物种类灭绝（83.4%）以及饥荒和粮食短缺（73.4%）。中国民众几乎一致认为（95.1%）气候变化会造成空气污染，这是上述所有不利影响中关注程度最高的问题（33.4%）。在询问"中央政府应特别关注哪些领域"的后续问题中，中国公众再次指出政府应当优先考虑空气污染问题，其次是生态保护（18.0%）和健康问题（17.2%）。

大多数美国人认为全球变暖属于环境/科学问题，近半数美国人认为人类可以缓解这一问题，但尚不清楚"我们是否会在此时采取必要的行动"。

大多数中国受访者认为政府应该在应对气候变化方面发挥主导作用，并承担更多责任，而不是公众自己。在个人行为方面，73.7%的受访者愿意为气候友好型产品支付更多费用，近三分之一的受访者愿意每年支付200元人民币以抵消个人产生的碳排放量。共享单车作为一种时尚的低碳生活方式在中国得到了广泛的支持（92.6%），近半数受访者曾使用过共享单车。

媒体是中国和美国最大的气候变化/全球变暖信息来源。在中国，电视（83.6%）、微信（79.4%）、朋友和家人（68.1%）是占比最高的三大信息来源。在美国，过半数受访者每月至少有一次机会通过媒体了解全球变暖的相关信息。

对于分享信息的问题，38%的美国人偶尔会与家人和朋友讨论全球变暖问题，三分之一的美国人会在社交媒体上分享相关的新闻报道。中国受访者的分享意愿更为强烈（97.7%）。而且，绝大多数中国人（94%）都渴望深入了解气候变化问题，98.7%的受访者希望学校能够引导学生了解气候变化的原因、后果和解决方案。

第三节　总结与展望

通过前面几个章节的数据呈现，可以看到公众气候认知调研能够帮助我们有效地把握公众对于气候问题的理解程度和支持力度，并对其行动意愿有所分析，还可以测评公众信任的信源和传播渠道，这样，就可以针对具体问题开展精准的传播。在理解了公众气候认知调研的科学价值后，结合进程及对公众认知水平的基本把握，还可以策划出助力于进程的气候传播事件。

在运用公众认知调研这个科学工具的时候，我们也遇到一些困惑。第一个困惑是耶鲁大学气候传播项目是每年进行四次公众气候认知的调研，每次结果都有波动，中国公众气候认知调研时隔五年做了两次，认知均保持在高水平，这样的话，仅从数据收集的角度貌似没有加大调研频次的必要性。第二个困惑是中国公众的气候认知度普遍比较高，但问到购买意愿的时候，愿意多支付成本的比例普遍偏低，细分研究发现，高收入、接受教育程度高和年轻学生愿意多支付成本的比例相对高一些。可见，这是受国民经济发展水平和国家发展阶段所限，超出了气候传播研究的范围。第三个让研究者头疼的困惑是，气候传播的目标是动员更多公众采取气候行动，但现实中有多少创新的行动可以选择？还有一个困惑是在气候行动动员中，经常被用来倡导公众的是3R原则，即再利用（Reuse）、减少（Reduce）、再生（Recycle）。当我们这样要求公众的时候，是否忽略了他们真实的需求？

针对第一个困惑，我们的反思是既然我们掌握了用认知调研的科学方法贡献于进程的策略，那么在接下来的设计频次上还是应该基于实际需要，而不是为了调研而调研。

针对第二个困惑，既然我们无法解决国家发展阶段的问题，我们就正视这个问题，瞄准高收入、受教育程度高和青年学生设计具体的传播策略，把这些有支付意愿的人先动员起来。

针对第三个困惑，需要承认，现实中的低碳节能行动确实乏善可陈，这是因为全球气候共识达成的速度远快于科技创新的速度，世界需要快速转型才能达到《巴黎协定》的目标。但是随手关灯、节约用水、调高空调这些"其貌不扬"的小事如果真能坚持做，也是可贵的贡献。

针对第四个困惑，确实需要换位思考，公众需要的是便宜、舒适、方便的选择，奢求节省了一辈子的老年人购买成本翻倍的气候友好型产品是不现实的；居住在大城市没有代步工具对于有小孩的家庭是痛苦的，而出于低碳考虑买了电动汽车却发现自己想去的地方没有充电桩则是另一种痛苦。我们也应该以3C［便宜（Cheap）、舒适（Comfortable）、方便（Convenient）］为原则来激励研究者、企业和政策制定者加快科技创新。

综合上述思考，我们建议集合全球对基于公众认知调研的科学方法开展气候传播的同行共建一个平台网络，开展更多跨国对比研究，并在此过程中及时分享和推广好玩有趣、便宜舒适、方便好操作的气候行动新创意。这是我们应该做也可以做到的。

公众认知研究是要了解基于公众定位的实际想法，如果说气候传播是气候治理的策略工具，那么公众认知调研就是气候传播的策略工具。而且，这一工具在很多议题上都具有适用性。比如，在中国推动的"一带一路"绿色发展中，非常重要的一个环节是"民心相通"。如果能在项目启动前，先在东道国开展一轮公众认知调研，配合焦点小组访谈，就可以摸清东道国公众的真实想法和需求，进而设计更有针对性的合作战略，为当地公众提供切实有效的支持。

本书聚焦讨论的是中国公众气候认知现状。一个国家是由个体组成的，只有了解中国公众的气候认知，才能有针对性地制定动员策略，进而真正贡献于气候治理目标的实现。我们在书中真诚地分享了我们的数据、策略、困惑和思考，希望能够遇到更多志同道合者，一起探索未来的道路。当人人都是气候传播者、行动者，我们才能看见一个真正成气候的中国。

附录　两份英文版报告

Climate Change Awareness in the Chinese Mind Survey Report 2012

The survey was conducted in 2012 by the China Center for Climate Change Communication (China4C), which was jointly established by the Research Center of Journalism and Social Development of Renmin University of China and Oxfam Hong Kong in April 2010. China4C is committed to the research on the climate communication theory and practice in international climate negotiations, and on China's climate change strategies in policy formulation and implementation.

The data collection and statistical work for the survey was completed by the School of Statistics at Renmin University of China, which is equipped with the National Key Discipline of Applied Statistics and known as a key research base established by both the Ministry of Education and the National Bureau of Statistics. In particular, the dean of the school, Zhao Yanyun, and his team took charge of data collection and statistics for the survey.

The survey was funded by Oxfam Hong Kong.

Survey Lead:

Baowei Zheng

Director of the China Center for Climate Change Communication

Principal Investigators:

Binbin Wang	Yujie Li	Mei Lyu
Yang Song	Gangcun Li	Yuanyuan Ren
Yanyun Zhao	Yan Jiang	Nan Xiao

Consultants:

Qizheng Zhao	Director of the Consultative Committee of China4C, Director of the External Affairs Committee of CPPCC Dean of the School of Journalism of Renmin University of China
Zhenhua Xie	Director of the Consultative Committee of China4C Deputy Director of the National Development and Reform Commission
Yulu Chen	Director of the Consultative Committee of China4C President of Renmin University of China
Shengrong Ma	Former Deputy Director and Deputy Chief Editor of the Xinhua News Agency
Wei Su	Chief of the Department of Climate Change of the China National Development and Reform Commission (NDRC)
Fulin Chi	President of China Institute for Reform and Development

Jiankun He	Deputy Director of National Climate Change Expert Committee
	Former Managing Vice President of Tsinghua University
Bugao Wen	Press Office Director of the NDRC
Ji Zou	Deputy Director of National Center for Climate Change Strategy and International Cooperation (NCSC)
Xuebing Sun	Policy Advocacy Director of Oxfam Hong Kong
Anthony Leiserowitz	Director of the Yale Project on Climate Change Communication (YPCCC)
Alex Kirby	Former Senior Environmental Journalist of British Broadcasting Corporation
Dennis Pamlin	Project Leader of the "21st Century Frontiers"
	Policy Advisor of United Nations Global Compact

Preface

Climate change is a serious challenge that humans face in the 21st century. In recent years, climate change impacts have increasingly emerged along with the frequent occurrence of extreme climate events across the globe, including intense heat, drought and flood. China has paid great attention to climate change for a long time. As we know, China is a developing country with scarce recourses per capita, fragile ecological environment, and frequent natural disasters. Meanwhile, the country is under the most serious climate change impacts but has relatively weak capacity to respond to climate change.

The Chinese government deems the response of actively acting on climate change as a significant opportunity to promote the transformation of economic development mode and the adjustment of economic structure by adopting a series of critical climate mitigation and adaptation policy measures. In 2011, the National People's Congress examined and passed the *Outline of the Twelfth Five-Year Plan for National Economic and Social Development*, which put forward that China should adhere to comprehensive, coordinated, and sustainable development, accelerate the transformation of economic development mode, and further take actively tackling climate change as well as advancing green and low-carbon development as a policy of significance.

The formulation and implementation of sustainable development strategies is closely bound up with everyone, thus requiring all the people and all sectors of society to participate and respond. The public need to take part in the cause of addressing climate change, because the problem cannot be solved unless everyone keeps a watchful eye on climate change issues and starts to take action from himself and little bit. Public attitudes and demands must be identified to better encourage their participation. The survey covering 332 prefecture-level units and over 4,000 samples was conducted by the China Center for Climate Change Communication, which objectively and impartially revealed the public awareness, views and advice regarding the climate change based on a public awareness investigation in mainland China from a third-party perspective; in addition, the questionnaire showed that the survey has understood and covered the complicated and comprehensive topic of climate change in an inclusive method, ranging from scientific, economic, social to many other dimensions.

The meaningful survey provides important referential value for the relevant parties to identify the current state of public climate change awareness and to hatch pertinent policy measures. It is hoped that the China

Center for Climate Change Communication will further carry out such work and attract more people to join so as to make continuous contributions to answer and tackle climate change in partnership with all sectors of society.

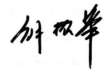

Zhenhua Xie

Deputy Director of the National Development and Reform Commission

Introduction

China is one of the countries which suffer the greatest adverse impacts from climate change. Due to relatively unfavorable climate conditions and frequent meteorological calamities, it has met with globally rare disaster-related dilemmas, including extensive areas, excessive types, serious conditions, and a large population affected. Climate change has posed increasingly obvious hazards to China's natural ecosystem, as well as its economic and social development in recent years.

Meanwhile, as the world's largest developing country, China has a large population with limited energy resources. With unbalanced development, the country is still undertaking its historical mission of complete industrialization and urbanization. To this day, there are still more than 100 million poverty stricken people living in China, which entails arduous work to develop the economy, eliminate poverty, and improve people's livelihoods.

Notably, both of China's per capita and historical carbon emissions are not on the same scale as in developed countries. However, China has become the world's largest emitter of greenhouse gases and energy consumer in rapid economic development over a decade.

In this context, notwithstanding a developing country with the world's largest population that is quite fragile to climate change, China still faces much pressure in the United Nations climate change negotiations as the top emitter. Thus, it's not only challenging but also imperative for China to actively tackle climate change, promote energy conservation and emission reduction, as well as develop green economy domestically.

With profound understanding of the complicacy and extensive impacts of climate change, the Chinese government has attached great importance to the issue and incorporated it into China's mid-and-long term economic and social development planning as a major topic that influences the overall development.

Tackling climate change requires not only the active guidance and efforts of the government but also the proactive participation in low-carbon activities from the public. The relevant policies and measures can only be put into practice when everyone lives, consumes, and acts in a low-carbon and energy-saving way.

To better understand and grasp the public awareness of climate change and the relevant topics, the China Center for Climate Change Communication conducted the nationwide survey from July to September, 2012. The survey aimed to investigate and analyze the public perception of climate change issues, climate change impacts, the response to climate change, the support for climate policies, the enforcement of climate change countermeasures, and the evaluation on climate change communication.

By collecting the aforementioned information, we hope to provide reliable data support to raise public awareness of climate change, to improve public adaptive capacity for climate change and to motivate the public to act in response to climate change. This survey could also serve as a basis for the government and relevant stakeholders to make decisions and formulate measures to construct a resource-saving and environment-friendly society, to improve the capacity to mitigate and adapt to climate change, and to protect global ecology, etc.

In consideration of the complicacy in both climate change issues and China's national conditions, the survey might fail to comprehensively reflect the public understanding of climate change and diverse attitudes towards the issue, but we do hope it could help relevant governmental departments, the academia, and other institutions to gain multi-dimensional knowledge of the current public perception of climate change with some valuable information.

The Center conducted the survey following three projects, i. e. "Research on the Roles and Influences of Governments, Media and NGOs in the Post-Copenhagen Era", "To Cancun - Acts for Post-Copenhagen Climate Change Communication", and "Poverty, Climate Change, and Public Communication". The survey has deepened the empirical research based on these earlier projects. We will track survey questions hereof to constantly enrich and improve China's research on climate change and climate communication, facilitating China to lay a solid foundation to respond and adapt to climate change.

Survey Method

1. Respondents: Residents aged from 18 to 70

2. Time: July to September, 2012

3. Scope: Mainland China (excluding Hong Kong, Macau, and Taiwan)

4. Method: Thanks to high popularity rate of fixed-line and mobile phones in Mainland China, the survey was a computer aided phone survey (CATI). Specifically, samples were drawn from 60.0% fixed-line phones and 40.0% mobile phones.

5. Number of samples: The CATI covers 4,169 respondents.

6. Sampling Plan: In light of the 332 prefecture-level administrative units (including 284 prefecture-level cities, 15 regions, 30 autonomous prefectures, and 3 leagues) and 4 municipalities directly under the central government in China, the total population was divided into 336 levels. The sample numbers were assigned to such levels in population proportion, contributing to proportional sampling. Concretely, the phone numbers of residents were drawn at random by the tail number, with the fixed-line and mobile phone numbers respectively accounting for 60.0% and 40.0%. Ultimately, 4,169 valid questionnaires were acquired.

Executive Summary

From July to September of 2012, the China Center for Climate Change Communication and the School of Statistics of Renmin University of China conducted a national survey of 4,169 Chinese adults in Mainland China, using a sample combining urban and rural residents. The survey aimed to understand public awareness, attitudes, practice, etc. in relation to climate change and the relevant topics. The survey margin of error is +/- 1.54%. Some highlights are as follows:

A. Climate Change Beliefs

- 93.4% of respondents say they know at least a little about climate change. Specifically, 28.4% say they know just a little about it, 53.7% know something, and 11.4% know a lot. 6.6% have never heard of climate change.

- 93% of respondents think climate change is happening. During the survey, more than 90% of respondents of different age groups hold such a view.

- 60.6% say that climate change is caused mostly by human activities, while 33.1% and 4.2% respectively say that climate change is caused mostly by natural changes in the environment and other factors. Only 2.1% suppose climate has not changed at all.

- 77.7% of respondents say they are either very (23%) or somewhat (54.7%) worried about climate change. 14.2% are not very worried and 8.2% are not at all worried.

B. Climate Change Impacts

- 61% of respondents say they have already personally experienced the effects of climate change while 39% hold the opposite view.

- 68.4% say that people in China are already being harmed by climate change.

- 57.7% think climate change will harm themselves and their families to a great deal or a moderate amount; 83.5% think it will harm the public in China to a great deal or a moderate amount; while 88.6% think it will impact future generations either a great deal or a moderate amount.

- From the change climate impacts on rural and urban residents, 47.9% argue the impacts on rural residents will be greater.

C. Responding to Climate Change

- 47.5% of respondents agree and 22.6% somewhat agree with the statement, "Human beings can adapt to climate change".

- 76.3% of respondents agree on the statement, "If we do not change our behaviors, it will be hard to meet the challenges caused by climate change".

- 87% of respondents say they are willing to spend 10% (roughly 26.6%, the largest proportion) or 11% to 20% (roughly 26.2%) more on climate-friendly products; 13% are reluctant to spend more on such products.

D. Support for Climate Policies

- 87.7% favor mandatory requirement for enterprises to meet higher environmental standards in despite of higher costs.

- 90.2% favor mandatory requirement for automakers to produce more climate-friendly cars in despite of higher costs.

- 90.3% favor mandatory requirement for using green building materials and designs in despite of higher costs.

- 74.4% favor mandatory requirements for consumers to buy renewable products in despite of higher costs.

- 91.9% favor mandatory standards for rubbish classification and recycling in despite of higher costs.

- 84.3% favor mandatory requirements for farmers to use organic fertilizers in despite of higher costs.

E. Enforcement of Climate Actions

- 83.6% always or often turn off lights in time when unnecessary.

- 79.3% always or often turn off electronic products (such as televisions and computers) in time when unnecessary.

- 47.7% always or often use reusable shopping bags rather than plastic bags.

- 33.9% always or often classify rubbish.

- 61.5% always or often reduce the use of disposable paper cups or tableware.

- 53.6% always or often reuse articles, instead of buying new ones.

- 44.7% always or often reduce the use of air conditioners as much as possible.

- 79.7% always or often save domestic water as much as possible.

- 69.5% always or often walk, ride a bike, or take public transportation.

F. Climate Change Communication

· Respondents say they have obtained information about climate change through the television（93. 8%）, telephone（66. 1%）, or the internet（65%）.

· Respondents trust scientific institutes and the government the most as sources of information about climate change.

· When asked which kind of news they care most about, only 9. 2% select environmental news.

Main Content

A. Climate Change Beliefs

A1. How Much Respondents Know Climate Change

In this survey, above 90% of respondents say they know climate change (93.4%) to varying degrees. Specifically, 53.7% know something, and 11.4% know a lot.

A1. How much respondents know climate change

Knowledge	Never heard of	A little	Some	A lot
Percentage	6.6%	28.4%	53.7%	11.4%

A2. Whether Climate Change is Happening

As for the statement, "Climate change refers to the change in the average state of climate with the lapse of time, do you believe climate change is happening", 93% of respondents think climate change is happening. During the survey, more than 90% of respondents in each age group hold such a view.

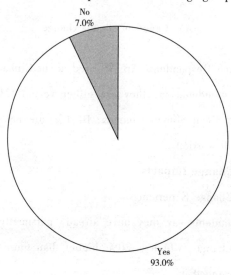

A2. Whether climate change is happening

A3. Causes of Climate Change

With respect to the causes of climate change, 60.6% say that climate change is caused mostly by human activities, while 33.1% say that climate change is caused mostly by natural changes in the environment. 2.1% suppose climate has not changed at all.

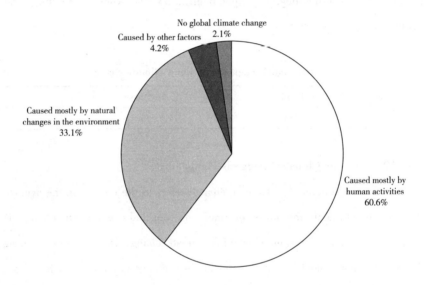

A3. Causes of climate change

A4. How Much Respondents Are Worried about Climate Change

77.7% of respondents say they are either very (23%) or somewhat (54.7%) worried about climate change. 14.1% are not very worried and 8.2% are not at all worried.

B. Climate Change Impacts

B1. Climate Change Experience

61% of respondents say they have already personally experienced the effects of climate change, which is 20% higher than those who believe they have not yet experienced it.

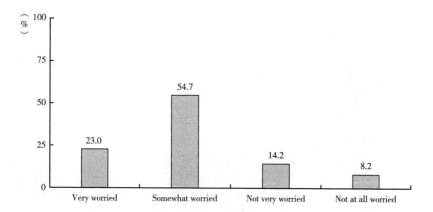

A4. How much respondents are worried about climate change?

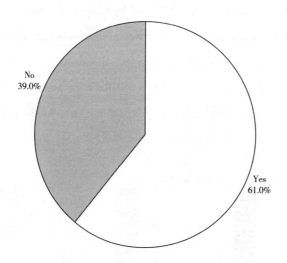

B1. Whether respondents have experienced climate change

B2. The Time frame of the Harm Caused by Climate Change

Regarding the statement, " Do you think China will be harmed by climate change? It is already being harmed or in how many years will it be harmed? In 10, 25, 50, or 100 years, or never", 68.4% say that people in China are already being harmed by climate change.

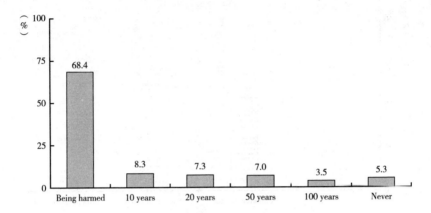

B2. Whether China will be harmed by climate change

B3. Judgment on Who Are Affected by Climate Change

In general, respondents believe that climate change will have a great deal or a moderate amount of impacts on themselves, their families, the public, and future generations. In particular, respondents think climate change are most impactful to future generations, which are followed by the public, themselves, and families.

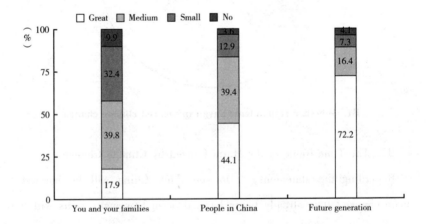

B3. Climate change impacts on different groups

B4. Climate Change Evidence

For possible impacts caused by climate change, over 60.0% respondents think droughts and water scarcity (1), flood (2), more diseases (3), extinction of plants and animals (4), and famine and food scarcity (5) will increase to varying degrees "in the next two decades in China, if without any climate change countermeasures". However, they have relatively weakest crisis awareness of potential famine and food scarcity (5).

B4. Climate change impacts on different phenomena

	1. Drought and water scarcity	2. Flood	3. More	4. Extinction of plants and animals	5. Famine and food scarcity
Increase a lot	58.8%	47.8%	46.7%	40.1%	26.6%
Increase to some extent	31.%	37.4%	41.8%	40.6%	38.0%
Reduce to some extent	3.7%	4.8%	2.7%	8.2%	8.5%
Reduce a lot	2.3%	2.8%	2.1%	3.8%	3.5%
No change	4.2%	7.1%	6.7%	7.4%	23.5%
Total	100.0%	100.0%	100.0%	100.0%	100.0%

B5. Extreme Weather Event (Drought) Caused by Climate Change

For the statement, "If a severe drought of more than one year hits the region where you reside, what impact does it have on your food supply (1), drinking water supply (2), household income (3), families' health (4), and crops (6)?", Respondents think drought has huge impact on all the above elements. However, people in general worry less about climate change impacts on housing security (5) as most chose it has "some impacts", while the percentage of choosing that it has "great impact" is the smallest.

B5. The extent to which a drought will impact in the view of respondents

	1. Food Supply	2. Drinking water supply	3. Household income	4. Families' health	5. Housing security	6. Crops
Great impact	53.0%	54.4%	43.0%	42.0%	19.6%	74.4%
Some impact	30.7%	25.2%	33.3%	39.7%	29.3%	17.8%
Small impact	13.2%	13.8%	16.5%	12.9%	25.3%	4.9%
No impact	3.2%	6.6%	7.1%	5.4%	25.8%	2.9%
Total	100%	100%	100%	100%	100%	100%

C. Responding to Climate Change

C1. People's Confidence in Responding to Climate Change

47.5% of respondents agree and 22.6% somewhat agree on the statement, "Human beings can adapt to climate change". 76.3% of respondents agree and 13.6% somewhat agree with the statement, "If we do not change our behaviors, it will be hard to meet the challenges arising from climate change". 44.8% of respondents agree and 16.2% somewhat agree with the statement, "Individual act can play a role in tackling climate change". 88.2% of respondents agree and 9.9% somewhat agree with the statement, "The government should pay high attention to climate change".

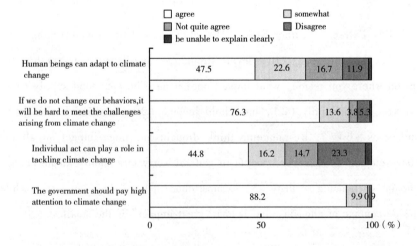

C1. Perception of response to climate change

C2. Willingness to Spend More to Combat Climate Change

87. 0% of respondents say they are willing to spend 10. 0% (roughly 26. 6 %, the largest proportion) or 10. 0% to 20. 0% (roughly 26. 2%) more on climate-friendly products; 17. 2 and 17. 0% are willing to spend 21. 0% to 30. 0% and above 30. 0% more; 13. 0% are reluctant to spend more to buy such products. Thus, it can be seen many respondents are willing to spend 10. 0% to 30. 0% more and they make up for nearly 70. 0% of the whole willing respondents.

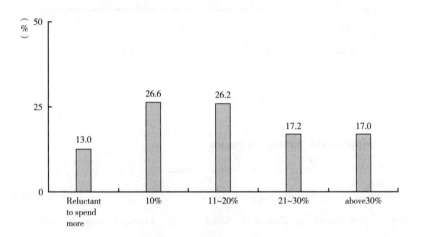

C2 Proportion of the increasing costs accepted by respondents to buy climate-friendly products

C3. Leading Roles in Responding to Climate Change

When asked about the leading roles in responding to climate change, 68. 1% choose the government; around 15. 9% choose the public; no more than 10% believe the media, enterprises, and NGOs should take that role.

As for the secondary role in responding to climate change, the top two picks are the media and the public, representing 28. 0% and 25. 5%, respectively.

With the analysis involving both leading and secondary roles, it is found that 88. 9% deem the government as the agency liable for tackling climate change, followed by the public, media, enterprises/ commercial organizations, and NGOs.

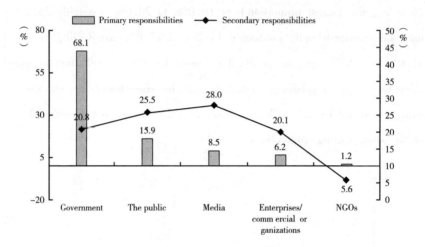

C3. **Leading and Secondary Roles on Climate Change**

D. Support for Climate Policies

D1. Attitude Towards the Climate Policies

Most of respondents support all the climate policies, and a majority strongly favor them in despite of more costs. Among these responses, the highest proportion (54.4%) of "strongly favor" were for "mandatory standards for rubbish classification and recycling in despite of higher production costs", while the lowest proportion (26.1%) falls under "mandatory standards for consumers to buy renewable products in despite of higher consumer costs".

D1. **Comparison of Recognition of Governmental Measures**

Will you favor any of the following measures taken by the government in despite of more costs?	Strongly oppose	somewhat disapprove	somewhat approve	strongly approve
Requiring enterprises to meet higher environmental standards, even if this raises production costs	2.9%	8.1%	42.9%	44.8%

续表

Will you favor any of the following measures taken by the government in despite of more costs?	Strongly oppose	somewhat disapprove	somewhat approve	strongly approve
Requiring automakers to produce more environmentally friendly cars, even if this raises production costs	2.3%	6.2%	39.1%	51.1%
Using green building materials and designs, even if this raises construction costs	2.5%	5.6%	43.7%	46.6%
Requiring consumers to buy renewable products, even if this raises consumer living expenses	7.0%	16.6%	48.3%	26.1%
Requiring waste classification and new recycling standards, even if this raises costs	2.3%	4.9%	37.5%	54.4%
Requiring farmers to use organic fertilizers, even if this raises food and produce prices	4.4%	9.9%	41.1%	43.2%

E. Enforcement of Climate Actions

E1. Higher Rate of Implementation among Respondents

After analyzing the frequency of implementation of different countermeasures for reducing the effects of climate change, we found that respondents implemented these countermeasures at a relatively high rate. 37.1% "always" turn off electronic products when not in use, and 50.5% "often" turn off lights when not in use. 37.1% "always" turn off electronic products when not in use, and 50.5% "often" turn off lights when not in use. However, the frequency of waste classification was relatively low. Only 12.1 % of respondents "always" classify waste and only 21.8% "often" classify waste, together totaling only one third of total respondents.

E1　Frequency of climate change countermeasures

Frequency	Always	Often	Sometimes	Seldom
Turn off lights in time when not in use	33.1%	50.5%	10.2%	3.6%
Turn off electronic products (such as televisions and computers) in time when not in use	37.1%	42.2%	12.7%	5.6%
Reuse items, instead of buying new ones when possible	19.4%	34.2%	30.2%	11.6%

续表

Frequency	Always	Often	Sometimes	Seldom
Use reusable shopping bags rather than plastic bags	18.2%	29.5%	27.5%	16.1%
Minimizes use of disposable paper cups or tableware	29.6%	31.9%	20.5%	12.2%
Minimizes use of air conditioners as much as possible	18.3%	26.4%	16.5%	11.1%
Minimizes household water use (i. e. for laundry and hygiene) as much as possible	31.6%	48.1%	12.8%	5.3%
Buy local food	22.9%	49.4%	16.0%	8.8%
Classifies waste	12.1%	21.8%	18.7%	17.0%
Walking on foot, ride riding bikes, or take public transportation asmuch as possible	30.1%	39.4%	16.5%	11.2%

F. Climate Change Communication

F1. Channels of Climate Change Information

A vast majority of the respondents were able to access to information about climate change from a variety of channels, among which the top 3 most

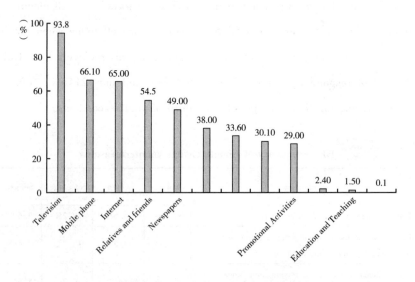

F1 Channels of climate change information

commonly used were television (93.8%), mobile phone (66.1%), and the Internet (65.0%), with access to all three exceeding 60%. Relatives and friends were also a common source of information, accounting for over 50% of responses. Traditional media such as newspapers, portable media, broadcasting to magazines was also identified as an information source, but fell significantly behind modern ones in terms of influence. A minority of respondents also gain information about climate change through textbooks, school education or by personal observation and experiences.

F2. The Degree of Credibility of Different Information Sources

Respondents believe the information published by scientific institutes and the government the most, followed by news media, families, and friends. They do not quite trust NGOs and enterprises.

F2 Comparison of the degree of credibility among information sources

Information sources	Mean value	Standard Deviation
Government	3.2	0.7
NGOs	2.2	0.9
Scientific institutes	3.3	0.7
News media	3.0	0.7
Families and friends	2.7	0.8
Enterprises	2.2	0.8

F3. How Much Attention Respondents Pay to Various News Contents

In general, among the news that respondents care the most, social news attracts the most attention (29.3%), while only 9.2% respondents select environmental news as the one they care the most, which demonstrates that respondents generally pay little attention to environmental news.

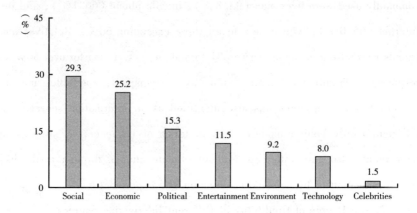

F3　News that respondents care the most

Appendix: Sample Demographics

a) Gender

	Frequency	Percent
Male	2406	57.7
Female	1763	42.3
Total	4169	100.0

After weighting		
	Frequency	Percent
Male	499721230	50.8
Female	483752180	49.2
Total	983473410	100.0

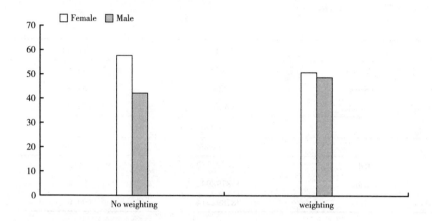

b) Resident for the Past Year

	Frequency	Percent
Urban	2678	64. 4
Rural	1480	35. 6
Total	4158	100. 0
After weighting		
	Frequency	Percent
Urban	595469483	60. 7
Rural	385260927	39. 3
Total	980730410	100. 0

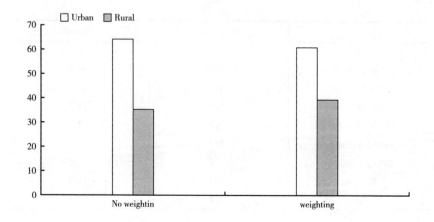

c）Place of Domicile

	Frequency	Percent
Urban	1898	45. 6
Rural	2263	54. 4
Total	4161	100. 0
After weighting		
	Frequency	Percent
Urban	444093372	45. 2
Rural	538798942	54. 8
Total	982892314	100. 0

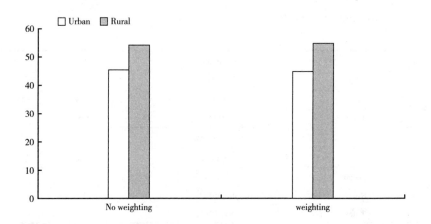

d）Age

	Frequency	Percent
Age 18 to 24	1113	26. 7
Age 25 to 34	1244	29. 8
Age 35 to 44	857	20. 6
Age 45 to 54	549	13. 2
Age 55 to 64	297	7. 1
Age 65 and above	101	2. 4
Refuse to answer	4	. 1
Not sure	4	. 1
Total	4169	100. 0

续表

After weighting		
	Frequency	Percent
Age 18 to 24	169421209	17. 2
Age 25 to 34	197754675	20. 1
Age 35 to 44	242694545	24. 7
Age 45 to 54	183838419	18. 7
Age 55 to 64	139979756	14. 2
Age 65 and above	47978767	4. 9
Refuse to answer	1057452	. 1
Not sure	748587	. 1
Total	983473410	100. 0

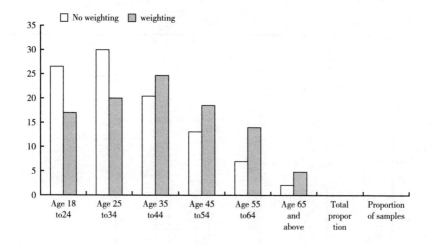

e) Education Background

	Frequency	Percent
Elementary and below	316	7. 6
Junior high	960	23. 0
Senior high	982	23. 6
Technical secondary	340	8. 2
Two-year college	693	16. 6
Undergraduate	811	19. 5
Graduate and above	67	1. 6
Total	4169	100. 0

After weighting：		
	Frequency	Percent
Elementary and below	34184911	3.5
Junior high	226887791	23.1
Senior high	448868590	45.6
Technical secondary	158240075	16.1
Two-year college	66719659	6.8
Undergraduate	44458733	4.5
Graduate and above	4113651	.4
Total	983473410	100.0

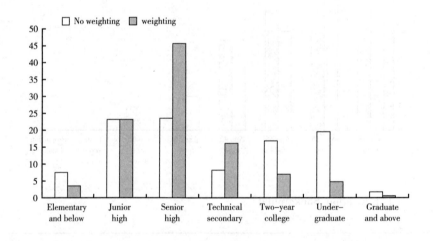

Climate Change Awareness in the Chinese Mind：2012

Climate Change Awareness in the Chinese Mind Survey Report 2017

Remarks

The China Center for Climate Change Communication conducted the second national public awareness survey on climate change after five years. The survey report shows high awareness of climate change among the Chinese public. That respondents strongly support the government's relevant policies, and particularly that over 90 percent of respondents support the implementation of the Paris Agreement are the greatest encouragement and approval to China's efforts of addressing climate change.

I expected the data and findings from this survey would provide meaningful referential information for all sectors of society. It is hoped that the China Center for Climate Change Communication will further carry out such significant and precious work, providing scientific data for us to keep delivering "China's solutions" embedded with Chinese wisdom to the world.

XIE Zhenhua

China's Special Representative for Climate Change

October 31st, 2017

The survey was designed and conducted by the China Center for Climate Change Communication (China4C) in 2017. The China4C, established in April 2010, is the first think tank among all developing countries focusing on the research about the climate change communication theory and practice, as well as research on the strategic communication analysis in China's climate change policy making and implementation.

The data collection and statistical work for the survey was completed by Survey and Statistics Institute of Communication University of China (SSI). SSI is the first university affiliated institution that with domestic and foreign-related social investigation permit in People's Republic of China.

The survey was funded by the Energy Foundation. The report does not represent Energy Foundation's views.

Cite as: Wang, BB. , Sheng, YT. , Ding M, . Lyv M, . Xing JL, . Zhou QN. (2017) . *Climate change in the Chinese mind*: 2017. Beijing, CT: China Center for Climate Change Communication.

Survey Lead:

Binbin Wang, Ph. D.
Co-founder of the China Center for Climate Change Communication
Post-doctoral Research Fellow at the School of International Affairs, Peking University
(86) 138 – 1037 – 7810, binbinwang@ pku. edu. cn

Principal Investigators:

Binbin Wang, Mei Lyv, Jingli Xing, Qinnan (Sharon) Zhou
Mai Ding, Yating Shen

Consultants:

Baowei Zheng	Director of the China Center for Climate Change Communication
Anthony Leiserowitz	Director of the Yale Program on Climate Change Communication

Preface

The scientific cognition of climate change involves three levels. Firstly, the understanding of climate change itself, that is, what exact changes have happened in climate? On one hand, climate change is based on an incredible amount of data reflecting observational facts, the warming trend, frequent extreme whether events and so on. On the other hand, the modern climate change science, with solid and rational knowledge, can provide a theoretical basis. Secondly, climate change in contemporary age is caused by both human and natural factors. Human activities lead to the rising concentration of greenhouse gases in the air; natural factors include changes in solar activities, the absorption of CO_2 by the ocean, and the like. Climate change is attributable to the interplay of the two factors. Modern climate change research lays emphasis on human activities, as they have increasingly obvious impacts on and a closer relation with climate change. Thirdly, in terms of impacts and consequences, climate change is a double-edged sword, but its adverse impacts on humans and the Earth have been increasingly severe. Without effective countermeasures, it might trigger a critical point where a deluge of catastrophes would emerge.

Global response to climate change is definitely a trend and direction, which serves the purpose to achieve the sustainable development of the world and all human beings, as well as to lead the green, low-carbon development pathway in the globe. The trend is inevitable, as it is the fundamental requirement for a community of shared future for mankind to pursue sustainable development.

For China, responding to climate change is not only a solemn commitment to the entire world but also an inevitable course for self-development. In international negotiations and global governance, China ought to lead the correct direction in partnership with other countries and serve as a contributor, promotor, constructor, and facilitator in responding to climate change and establishing a new world order, thus realizing win-win cooperation. Following the 18th National Congress of the Communist Party of China (CPC), the 19th Party Congress clearly pointed out that we should accelerate the structural reform to promote ecological civilization, build a beautiful country, continue to take ecological civilization as an important national strategy, and further clarify the path of green, low-carbon, and circular development.

In order to realize low-carbon development, China must design and implement the low-carbon consumption pattern, in addition to a series of measures including saving energy and raising energy efficiency, reducing high-carbon energy, and developing new energy resources. Therefore, we must jointly construct low-carbon and smart cities, take low carbon as an binding assessment indicator of new-type urbanization, and enable the public to engage in low-carbon development and ecological civilization as hosts. To some extent, low-carbon communities, enterprises, villages, towns, and even families constitute the cell of a low-carbon city. It will not only directly benefit the construction of beautiful cities and villages, but also enhance the quality and the civilization level of Chinese citizens, which is of fundamental significance for the Chinese nation to stand rock-firm in the family of nations.

Because of this, it can be said that each citizen, each family is the essential driving power of promoting low-carbon development in depth, advancing low-carbon pilot work, and creating a low-carbon society. Thus, the standing point of building a low-carbon society requires that we must understand the current public awareness of climate change, guide the public to cultivate scientific perceptions of climate change, and help the public live in a low-carbon lifestyle. From this perspective, the 2017 survey on public awareness of climate change and their attitudes towards climate change communications conducted by the China Center for Climate Change Communication is very prompt and meaningful. I feel delighted to see the China Center for Climate Change Communication, as an independent third-party institution, can renew its efforts based on the 2012 survey and present a valuable gift to the colleagues in the field of climate change, enabling us to better understand public awareness of climate change; I also expect that through efforts from all walks of life, we will be able to make low-carbon development closer to the daily life of the public, and together to realize our common dream of beautiful China.

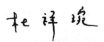

DU Xiangwan

Honorary Director of National Climate Change Expert Committee

Academician of the Chinese Academy of Engineering

October 25th, 2017

Introduction

Public participation is vital to address climate change. Understanding public awareness and attitudes of climate change definition, impacts and related policies in time would help policymakers formulate policies in a more rational way, and provide data reference to various stakeholders such as enterprises, NGOs, and research institutions in designing and carrying out relevant work.

Public awareness survey is a common method used internationally to understand how much the public know about climate change. Yale Program on Climate Change Communication and Center for Climate Change Communication of George Mason University have conducted survey on public awareness of climate change for more than a decade in the United States. In 2008, these two institutions put forward the theory of "Six Americas", which categorizes American people's awareness of global warming into six types for the purpose of a detailed further research. In addition, Pew Research Center, The Gallup Organization, Nielsen, BBC, etc. have also conducted surveys on public awareness of climate change in many countries. Generally speaking, even if some of those surveys touched China, most of them are only restricted to certain Chinese cities or extremely limited rural areas, and therefore the sampling methodology failed to represent the overall Chinese public awareness including both rural and urban residents. In review of domestic literatures, we found that domestic scholars have also respectively conducted surveys targeting urban residents, rural residents, enterprise managers, university students, and the public in different regions, but few surveys have been carried out nationwide.

In 2012, the China Center for Climate Change Communication conducted a survey on the public awareness of 4, 169 respondents in both urban and rural areas of Mainland China to get the whole picture of public awareness, attitudes, and response in respect of climate change. According to the findings, only 6.6% of the public have never heard of climate change, and the majority of them think that climate change is happening, that it is mainly caused by human activities, and that China is being harmed there from and such harm has more severe impacts on rural residents. The findings also show that Chinese citizens strongly favor policies issued by the government in response to climate change. As the first national survey on public awareness conducted by an independent third party, the survey has provided data reference for international negotiations and domestic policy-making.

The public awareness data acquired from the 2012 survey have gained high attention from relevant national and international policymakers. Mr. XIE Zhenhua, the then deputy director of the National Development and Reform Commission, pointed out that in the preface of 2012 survey report that "the public need to take part in the cause of addressing climate change, because the problem cannot be solved unless everyone keeps a watchful eye on climate change issues and starts to take action from himself and little bit". In addition, China's Policies and Actions for Addressing Climate Change (2012) specially introduced the survey. Meanwhile, the survey data have positive impacts at the international level. In December 2012, the survey data were also quoted by Christiana Figueres, the UNFCCC's executive secretary, during the United Nations Climate Change Conference in Doha (COP20) to affirm China's concerted efforts in responding to climate change.

Five years later, a wave of changes have taken place at both national and international levels. Domestically, the public awareness, attitudes, and behaviors in terms of climate change have evolved along with the development of social economy, politics, culture and so on. With the rapid scientific and technological innovations, constant upgrading of energy-saving and low-carbon products, and the emergence of shared products, the pattern of energy consumption by Chinese people is undergoing some changes. Internationally, the United States' decision to withdraw from the Paris Agreement has caused some uncertainties in global climate governance.

Thus, the China Center for Climate Change Communication conducted the second national survey five years later, which adopted the same methodology as the previous one. The 2017 survey still categories questions into six sections, including "public beliefs of climate change", "perception climate change impacts", "responding to climate change", "support for climate change policies", "enforcement of climate change countermeasures", and "evaluation on climate change communication" . What is different from the 2012 version is that we have incorporated new questions that reflect some latest changes in the past five years. With the new survey, we hope to update and improve relevant data, as well as to keep good track of the current status of public awareness of climate change in China.

We were kindly encouraged and supported by various partners when carrying out this survey. The Energy Foundation funded this survey, and provided enormous advice and support during the whole process with the team led by the its President in Beijing Office, Professor Zou Ji, and its Director of Communications, Ms. Jing Hui. To guarantee the funding can be applied to this specific survey project, China Green Carbon Foundation established a

Special Fund for Climate Change Communication for us. In addition, the team of Survey & Statistics Institute of Communication University of China, led by Professor Ding Mai finished data collection work efficiently. At different stages of the survey project, ranging from questionnaire design to data cleaning, we gained valuable advice from various relevant stakeholders, including Yale Program on Climate Change Communication, the United Nations system in China, Embassies of Switzerland and other countries in China, the Department of Climate Change at the China National Development and Reform Commission, Center for Environmental Education and Communications of Ministry of Environmental Protection, China National Center for Climate Change Strategy and International Cooperation, China National Climate Center, Peking University, Tsinghua University, Chinese Academy of Engineering, Chinese Academy of Sciences, Chinese Academy of Social Sciences, China News Service, Weather China, Asian Development Bank, Hong Kong and Shanghai Banking Corporation, China Energy Construction Investment Corporation, Pricewaterhouse Coopers, World Wildlife Fund, Natural Resources Defense Council, Greenpeace, Oxfam, SEE Foundation, Paradise Foundation, Pear Video, "Wind Energy" Magazine, Innovative Green Development Program, Greenovation Hub, China Dialogue, and Mobike, etc.

The China Center for Climate Change Communication hereby extends heartfelt gratitude to all that have supported us!

The participation by multiple partners during the whole process of the survey enabled us to hear diverse voices, which inspired us to think in depth about the value, methodology, and possible applications of the survey. There are still a lot of meaningful things awaiting us in the field of public participation in addressing climate change. Hope to work with all of you to push more exciting changes to happen. Let's work together!

Binbin Wang

Co-Founder

China Center for Climate Change Communication

Survey Method

1. Respondents: Residents aged from 18 to 70

2. Time: August to October, 2017

2. Scope: Mainland China (excluding Hong Kong, Macau, and Taiwan)

3. Method: Thanks to high popularity rate of fixed-line and mobile phones in Mainland China, the survey was a computer aided phone survey (CATI). Specifically, samples were drawn from 15.4% fixed-line phones and 84.6% mobile phones.

4. Number of samples: The CATI covers 4025 respondents.

5. Sampling Plan: In light of the 332 prefecture-level administrative units (including 291 prefecture-level cities, 8 regions, 30 autonomous prefectures, and 3 leagues) and 4 municipalities directly under the central government in China, the total population was divided into 336 levels. The sample numbers were assigned to such levels in population proportion, contributing to proportional sampling. Besides, the proportion of age groups, gender groups, residencies (rural or urban areas), and the ownership of landlines and mobile phones are considered to guarantee the samples to be representative. Concretely, the phone numbers of residents were drawn at random by the tail number, the sampling of landline telephone respondents followed random selection as well.

Executive Summary

A. Climate Change Beliefs

· 2834 out of 4250 respondents shared the first thing comes to their minds when hearing "climate change" in either a word or a phrase. Analyzing the frequency of these words/phrases with WordArt, we found that the most frequently mentioned words is "hot (mentioned 225 times)", followed by "haze (mentioned 179 times)" and "global warming (mentioned 170 times)".

· 80% of the 2834 respondents who gave a word/phrase as the first came to their minds when hearing "climate change" rated their words/phrases as "negative".

· 92.7% of respondents say they know at least a little about climate change. Over half (57.2%) say they know "just a little about it", nearly one in three (31.5%) say they know "something about it", and only 4% say they know "a lot" about climate change, while 7.1% say they have "never heard of it".

· 94.4% of respondents think climate change is happening. By contrast, only 5.3% think climate change is not happening.

· 66.0% of respondents understand that climate change is caused "mostly by human activities", while 11.1% say it is due to "natural changes in the environment". And 19.3% of respondents think it is caused by both reasons. Besides, 1.7% think that climate change "is not happening".

· 79.8% of respondents say they are "very" (16.3%), or "somewhat" (63.5%) worried about climate change. 16.2% and 3.9% of respondents say they are "not very" or "not at all" worried about it, respectively.

B. Climate Change Impacts

· 75.2% of respondents have already personally experienced impacts of climate change while 24.6% hold the opposite view.

· 31.1% think climate change will harm themselves and their families to a great deal or a moderate amount; 51.4% think it will harm the public in China to a great deal or a moderate amount; 78% think it will impact future generations either a great deal or a moderate amount, while 71.7% think it will impact plant and animal species either a great deal or a moderate amount.

· 95.1% of respondents think climate change will cause an increase in occurrence of air pollution, followed by disease epidemics (91.3%), droughts and water shortages (89.8%), floods (88.2%), glaciers melting (88.0%), extinctions of plant and animal species (83.4%) and famines and food shortages (73.4%) in the next two decades in China, if without any climate change countermeasures.

· 33.4% of respondents worries about air pollution the most. Others are most worried about disease (29.0%), droughts (10.9%), floods (8.6%) and glaciers melting (6.8%).

· 72.6% of respondents think climate change and the air pollution are inter-related with each other. Besides, 14.3% think that climate change leads to air pollution and 12.8% think air pollution leads to the climate change.

C. Responding to Climate Change

· 47.8% of respondents believe that climate change mitigation is more important than climate change adaptation as countermeasures in addressing climate crisis. 45.3% of respondents think that mitigation is as important as and adaption. Only 6.7% think adaption is more important.

· When asked about the leading roles in responding to climate change, among the government, environmental NGOs, enterprises/business organizations, the public and the media, most respondents believe the government should shoulder relatively more responsibilities, followed by "the Media" and "environmental NGOs".

· When asked about which fields that the central government should pay attention to, among "air pollution, water pollution, climate change, ecosystem protection, economy development, education, terrorism and health care", over 70% of respondents think all these areas should be given particular attention from the central government. Averagely, respondents say the issue of air pollution is the most important, followed by water pollution, ecosystem protection, healthcare and climate change.

· Among the aforementioned areas that are of high public attention, 24.3% of respondents think air pollution is the most important, followed by ecological protection (18.0%) and health (17.2%), 8.8% of respondents believe that the most important issue of climate change, which is even more critical than economic development and anti-terrorism.

D. Climate Change Policies

· In 2015, China signed an international agreement in Paris with 195 other countries. 96.3% of respondents are either "somewhat support" or "strongly support" China's participation in Paris Agreement and among them, 59.3% say they "strongly support" it.

· 94% of respondents say they support China's decision to stay in the Paris Agreement to limit the pollution that causes climate change. 52.5% say they strongly support it.

· 96.8% of respondents support China's effort to promote the international cooperation on climate change, of which over half (54.7%) say they "strongly support" it.

· 96.9% of respondents support government's efforts of the total quantity control on China's greenhouse gas emissions and 64.5% are strongly supportive of it.

· Each policy to mitigate climate change or reduce emissions is "somewhat" supported or "strongly" supported by around 90% of respondents.

· Each policy to adapt to climate change is "somewhat" supported or "strongly" supported by over 90% respondents.

· 98.7% of respondents support the statement that schools should teach students about the causes, consequences, and potential solutions to climate change.

E. Enforcement of Climate Actions

· When asked if they would be willing to pay more for the climate-friendly products, 73.7% of respondents gave the affirmative answer.

· When asked if they would like to pay to offset their personal emissions completely (If offsetting of the personal emissions cost RMB 200 yuan per year), 27.5% of respondents say yes.

· 46.7% of respondents have used shared bikes.

· 92.6% of respondent support using shared bike as a way of travel.

· 55.6% of respondents have heard that besides household consumption, electricity generated from solar photovoltaic panels can be sold to the State Grid.

F. Climate Change Communication

· Respondents say they have obtained information about climate change through three major information channels, which are television (83.6%), WeChat (79.4%), and friends and family (68.1%).

· 94% of respondents have strong desire of learning more about climate change. Specifically, most respondents would like to learn more about "climate change impacts".

· Respondents trust the central government the most as source of information about climate change.

· When asked which kind of news they care most about, 12.3% select environmental news.

· 97.7% of respondents are willing to share climate change information with their families and friends.

Main Content

A. Climate Change Beliefs

A1. When you think of "climate change", what is the first word or phrase that comes to your mind? (open-ended)

2834 out of 4025 respondents shared the first thing comes to their minds when hearing "climate change" in either a word or a phrase. The most frequently mentioned words is "hot (mentioned 225 times)", followed by "haze (mentioned 179 times)" and "global warming (mentioned 170 times)". WordArt shows all words/phrases mentioned by respondents as the figure shows below. Larger word/phrase size signifies higher frequency.

A2. 80.4% of respondents think the first word/phrase that came to their minds are negative when hearing "climate change"

Among all 2834 effective responses, 80% think the first word/phrase that came to their minds when hearing "climate change" is "negative". Specifically, 29.5% say it is " −3 extremely negative", 26.8% rated it as " −2", and 24.1% rated it as " −1 very negative". Only 19.5% say their word/phrase has positive meaning. Clearly, the general impression of climate change among respondents is negative.

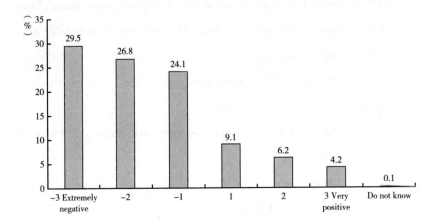

80. 4% of respondents think the first word/phrase that came to their minds are negative when hearing "climate change"

A2. Please help us to understand what that word or phrase means to you.

You said: [INSERT TEXT RESPONSE] On a scale from −3 (very bad) to +3 (very good), do you think that this is a bad thing or a good thing? (n = 2834)

A3. 92. 7% of respondents say they know about climate change

92. 7% of respondents say they know about climate change to varying degrees. 57. 2% say they know "just a little about it", 31. 5% say they know "something about it", and only 4% say they know "a lot" about climate change.

A4. 94. 4% of respondents think climate change is happening

94. 4% of respondents think climate change is happening, while only 5. 3% think climate change is not happening.

A5. 66. 0% of respondents think that climate change is caused "mostly by human activities"

In regard to the cause of climate change, 66. 0% of respondents think that climate change is caused "mostly by human activities", while 11. 1% say it is due to "natural changes in the environment". 19. 3% of respondents think it is caused by both reasons. 1. 7% think that climate change "is not happening".

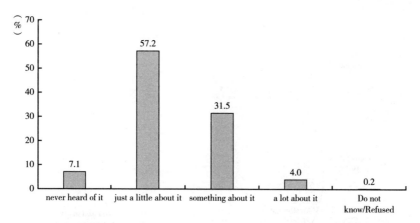

92.7% of respondents say they know about climate change

A3. Please help us to understand what that word or phrase means to you. You said: [INSERT TEXT RESPONSE] On a scale from −3 (very bad) to +3 (very good), do you think that this is a bad thing or a good thing? (n = 2834)

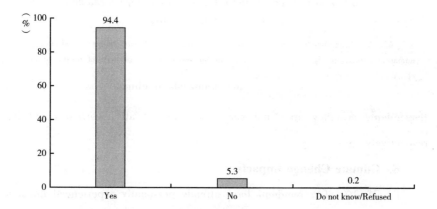

94.4% of respondents think climate change is happening

A4. Recently, you may have noticed that climate change has been getting some attention in the news. Climate change refers to the idea that the world's average temperature has been increasing over the past 150 years, may be increasing more in the future, and that the world's climate may change as a result. What do you think: Do you think that climate change is happening? If you're not sure, just let me know. Yes, No, Don't know (n = 4025)

A6. 79.8% of respondents worried about climate change

79.8% of respondents are either "very" (16.3%), or "somewhat" (63.5%) worried about climate change. In contrast, 16.2% and 3.9% of

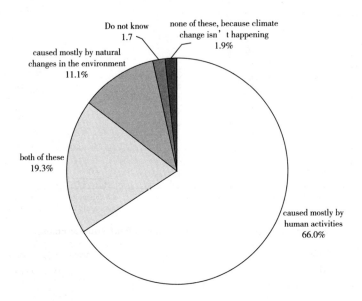

66. 0% of respondents think that climate change is caused "mostly by human activities"

A5. Assuming climate change is happening, do you think climate change caused mostly by human activities, mostly by natural changes in the environment, or none of these, because climate change isn't happening? (n = 4025)

respondents say they are "not very" or "not at all" worried about it, respectively.

B. Climate Change Impacts

B1. 75. 2% of respondents have already personally experienced impacts of the climate change

75. 2% of respondents say they have already personally experienced impacts of climate change, accounting for over three fourths of all respondents. Only 24. 6% hold the opposite view.

B2. Respondents think climate change will harm "future generations" and "plant and animal species" the most

78% of respondents think climate change will have a moderate amount, or a great deal impacts to future generations. 71. 7% , 51. 4% and 31. 1% of

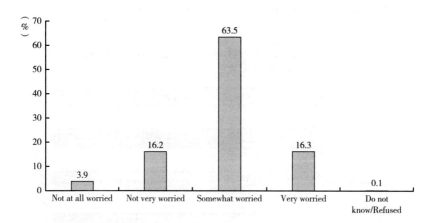

79. 8% of respondents worried about climate change

A6. How worried are you about climate change? Would you say you are very worried, somewhat worried, not very worried, or not at all worried? (n = 4025)

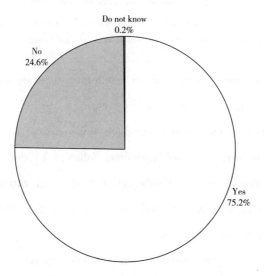

75. 2% of respondents have already personally experienced impacts of the climate change

B1. Have you personally experienced the effects of climate change? (n = 4025) respondents say such harm will affect plant and animal species, people in China, families and themselves, respectively.

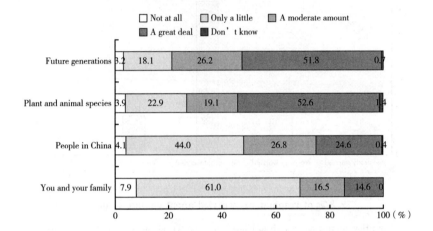

Respondents think climate change will harm "future generations" and "plant and animal species" the most

B2. How much do you think climate change will harm [XXXX]? Would you say a great deal, a moderate amount, only a little, not at all, or do you not know? (n = 4025)

B3. Most respondents think if no countermeasures are taken, "climate change" and "disease epidemics" will increase

In next two decades, most respondents think climate change will cause an increase in occurrence of air pollution, followed by disease epidemics, droughts and water shortages, floods, glaciers melting, extinctions of plant and animal species and famines and food shortages, if without any climate change countermeasures in China.

B4. Most respondents worried about climate change's impacts to "air pollution" and "disease epidemics" the most

For the question "Which of these impacts are you most worried about", 33.4% of respondents worries about air pollution the most. Others are most worried about disease (29.0%), droughts (10.9%), floods (8.6%) and

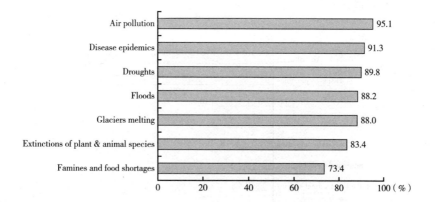

Air pollution	95.1
Disease epidemics	91.3
Droughts	89.8
Floods	88.2
Glaciers melting	88.0
Extinctions of plant & animal species	83.4
Famines and food shortages	73.4

**Most respondents think if no countermeasures are taken,
"climate change" and "disease epidemics" will increase**

B3. In China, over the next 20 years, please tell me if you think climate change will cause more or less of the following, if nothing is done to address it? Would you say climate change will cause many more, a few more, a few less, or many less [XXXX], or do you think there will be no difference, or do you not know? (n = 4025)

　　* There are five options for this question- "increase a lot", "increase somewhat", "decrease somewhat", "decrease a lot", "no change has happened". We calculatd the percentage of that respondents think a certain phenomenon will increase by adding the percentage of "increase a lot" and "increase somewhat".

glaciers melting (6. 8%) .

B5. 72. 6% of respondents think climate change and the air pollution are inter-related and have synergistic effects on each other

In terms of the relationship between climate change and air pollution, 72. 6% of respondents think climate change and the air pollution are inter-related, and have synergistic effects on each other. Besides, 14. 3% think that climate change leads to air pollution and 12. 8% think air pollution leads to the climate change.

C. Responding to Climate Change

C1. 47. 8% of respondents think mitigation and adaptation are of the same importance

47. 8% of respondents believe that mitigation is more important than

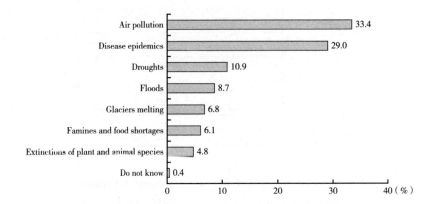

Most respondents worried about climate change's impacts to "air pollution" and "disease epidemics" the most

B4. Which of these impacts are you most worried about? (n = 4025)

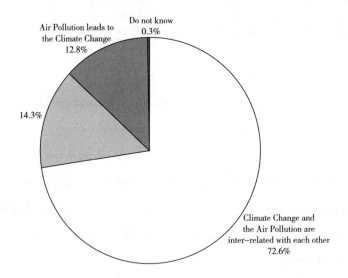

72.6% of respondents think climate change and the air pollution are inter-related and have synergistic effects on each other

B5. For the following statements, which one do you agree with? (n = 4025) adaptation as countermeasures in address climate crisis. 45. 3% of respondents think that mitigation is as important as adaption. Only 6. 7% think adaption is more important.

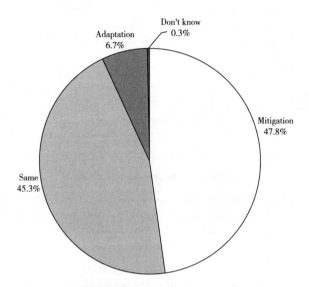

47. 8% of respondents think mitigation and adaptation are of the same importance

C1. Mitigation and adaptation are two major countermeasures to address climate change. Mitigation refers to efforts to reduce the emission of greenhouse gases, which is the fundamental solution to climate change. Adaptation refers to preparing for climate change impacts like more droughts, floods, and storms. Do you think that mitigation or adaptation is more important, or are they equally important? (n = 4025)

C2. Respondents generally believe that the government should do more to address climate change

To address climate change, respondents generally believe that " the government" should do more, followed by "the media" and "environmental NGOs"

C3. Respondents think air pollution is the issue that the government should pay the most attention to, followed by water pollution and ecosystem protection

When asked about which fields that the central government should pay

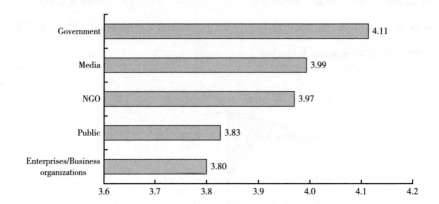

**Respondents generally believe that the government should
do more to address climate change**

C2. Do you think each of the following should be doing more or less to address climate change?
［Much more, More, Currently doing the right amount, Less, Much less］（n = 4025）

＊ A numerical value from 1 to 5 was assigned to "the least", "less", "just fine", "more",
and "the most" in the analysis. The average score each role gets was then calculated.

attention to, among "air pollution, water pollution, climate change,
ecosystem protection, economy development, education, terrorism and health
care", over 70% of respondents think all these areas should be given
particular attention from the central government.

Averagely, respondents say the issue of air pollution is regarded the most
important (3.42), followed by water pollution (3.36), ecosystem protection
(3.31), healthcare (3.28) and climate change (3.25).

C4. Respondents think air pollution is the most critical problem to be
solved, followed by ecosystem protection and health care

Among the aforementioned areas that are of high public attention,
24.3% of respondents think air pollution is the most important, followed by
ecosystem protection (18%) and healthcare (17.2%). 8.8% of
respondents think climate change is the most important issue, which is even
more critical than economic development and Anti-terrorism.

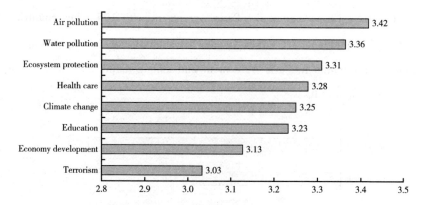

Respondents think air pollution is the issue that the government should pay the most attention to

C3. Here are some issues being discussed by the national government. Do you think each of these issues should be a low, medium, high, or very high priority for President Xi and the national government? (n = 4025)

* A numerical value from 1 to 4 was assigned to "low", "moderate, "high", and "very high". An average score each problem got was then calculated.

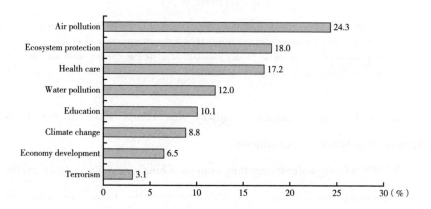

Respondents think air pollution is the most critical problem to be solved

C4. Of the issues you said should be a priority, which one do you think is most important? (n = 2564)

D. Support for Climate Policies

D1. 96.3% of respondents support China's participation in Paris Agreement in the end of 2015

In 2015, China signed the Paris Agreement with 195 other countries. 96.3% of respondents are either "somewhat support" or "strongly support" China's participation in Paris Agreement and among them, 59.3% say they "strongly support" it.

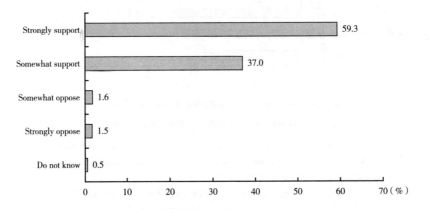

96.3% of respondents support China's participation in Paris Agreement in 2015

D1. In 2015, China signed an international agreement in Paris with 195 other countries to limit the pollution that causes climate change. Do you strongly support, somewhat support, somewhat oppose or strongly oppose China's participation in the Paris Agreement to limit the pollution that causes climate change? (n = 4025)

D2. 94.0% of respondents support that China stays in the Paris Agreement to honor its commitments

94.0% of respondents say they support China's decision to stay in the Paris Agreement even if the U.S. withdraw from the Paris Agreement, in which 52.5% say they strongly support.

D3. 96.8% of respondents support that China promotes international cooperation on climate change

96.8% of respondents support China's effort to help poorer developing countries mitigate and adapt to climate change, of which over half 54.7% say they "strongly support" it.

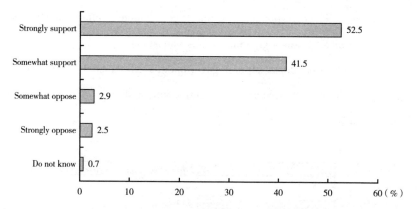

**94.0% of respondents support that China stays in the
Paris Agreement to honor its commitments**

D2. As the second largest emitter in the world, the U. S. recently announced it will withdraw from the Paris Agreement, but all other countries reaffirmed their pledges. Do you strongly support, somewhat support, somewhat oppose or strongly oppose China's decision to stay in the Paris Agreement to limit the pollution that causes climate change? (n = 4025)

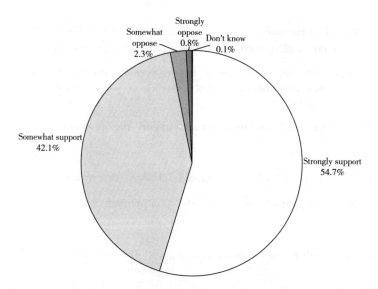

**96.8% of respondents support that China promotes
international cooperation on climate change**

D3. Do you strongly support, somewhat support, somewhat oppose or strongly oppose China's effort to promote the international cooperation on climate change, i. e. helping poorer developing countries mitigate and adapt to climate change? (n = 4025)

D4. 96.9% of respondents support government's efforts of the total quantity control on China's greenhouse gas emissions

96.9% of respondents support government's efforts of the total quantity control on China's greenhouse gas emissions and 64.5% are strongly supportive of it.

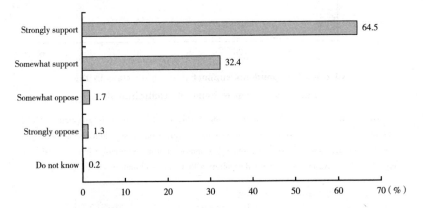

96.9% of respondents support Chinese government's efforts of the total quantity control on China's greenhouse gas emissions

D4. Do you strongly support, somewhat support, somewhat oppose or strongly oppose the government's efforts of the total quantity control on China's greenhouse gas emissions? (n=4025)

D5. Around 90% of respondents support the government's mitigation policies

Each policy to mitigate climate change or reduce emissions is "somewhat" supported or "strongly" supported by around 90% of respondents.

D6. Over 90% of respondents support the government's adaptation policies

Each policy to adapt to climate change is "somewhat" supported or "strongly" supported by over 90% respondents.

D7. 98.7% of respondents support that schools should teach students about climate change

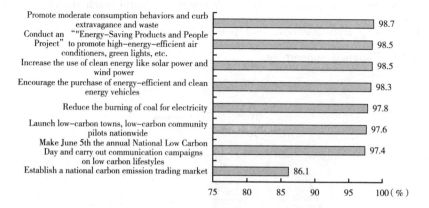

Around 90% of respondents support the government's mitigation measures

D5. Do you strongly support, somewhat support, somewhat oppose or strongly oppose each of the following government policies to mitigate or reduce climate change? (n = 4025)

＊ There are four options for this question- "strongly support", "support", "against" and "strongly against". The percentage of "support" and "strongly support" were added up to show how much the respondents support each policy.

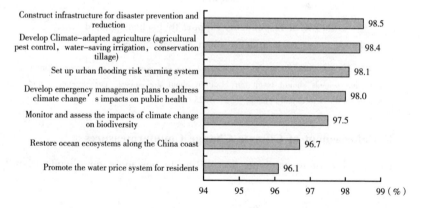

Over 90% of respondents support the government's
climate change adaptation measures

D6. Do you strongly support, somewhat support, somewhat oppose or strongly oppose each of the following government policies to adapt to climate change impacts? (n = 4025)

＊ There are four options for this question- "strongly support", "support", "against" and "strongly against". The percentage of "support" and "strongly support" were added up to show how much the respondents support each policy.

98.9% of respondents support that schools should teach students about the causes, consequences, and potential solutions to climate change and 77.9% "strongly support" it.

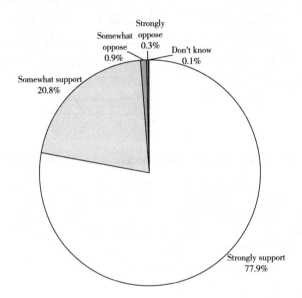

98.7% of respondents support that schools should teach students about climate change

D7. Do you strongly support, somewhat support, somewhat oppose or strongly oppose that schools should teach our children about the causes, consequences, and potential solutions to climate change? (n = 4025)

E. Enforcement of Climate Change Countermeasures

E1. 73.7% of respondents are willing to pay more for climate-friendly products

When asked if they would be willing to pay more for the climate-friendly products, 73.7% of respondents gave the affirmative answer. Of which 27.6% would pay 10% more at most for such products, representing the largest portion in those who are willing to pay more. 25.1% would pay 11% –20% more at most, 12.9% would pay 21% – 30% more at most, and 8.1% would pay 30% more at most.

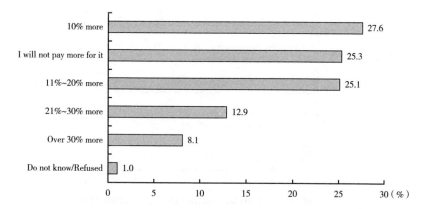

10% more — 27.6
I will not pay more for it — 25.3
11%~20% more — 25.1
21%~30% more — 12.9
Over 30% more — 8.1
Do not know/Refused — 1.0

73.7% of respondents are willing to pay more for climate-friendly products

E1. In general, how much more will you pay for environmental-friendly products which help reduce climate change, like electricity from wind or solar power, energy-efficient appliances, and green housing (i. e. to minimize the resource using and reducing pollution from selecting the construction materials, constructing to decoration and sales), if they cost more? (n = 4025)

E2. 27.5% of respondents are willing to pay to offset their personal carbon emissions completely

When asked if they would like to, 27.5% of respondents are willing to pay to offset their personal emissions completely (RMB 200 yuan per year), accounting for the largest proportion of all respondents. 25% of respondents are willing to pay RMB 100 yuan, 22.2% are willing to pay RMB 50 yuan, and 14.7% are willing to pay RMB 25 yuan.

E3. 46.7% of respondents have used shared bikes

When asked if ever used shared bikes, 46.7% of respondents say they have and 53.3% say they have not.

E4. 92.6% of respondent's support using shared bike as a way of travel

When asked if they support using shared bikes, 92.6% say they support it and 6.9% say they do not support. Thus, above 90% of respondents support using shared bike as a way of travel, much more than those who do not.

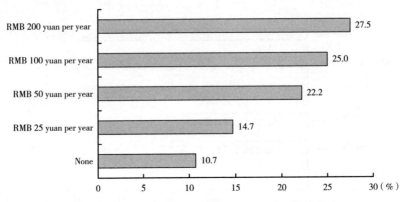

27.5% of respondents are willing to pay to offset their personal carbon emissions completely

E2. Everyone generates some pollution when traveling. If offsetting all of your own emissions cost RMB 200 yuan per year, how much would you be willing to pay? (n = 4025)

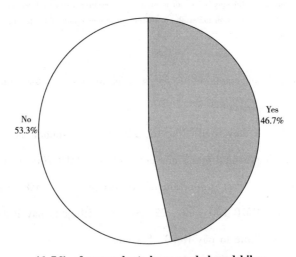

46.7% of respondents have used shared bikes

E3. Have you tried shared bicycle? (n = 4025)

E5. 55.6% of respondents know the use of electricity generated from solar PV installed at home or in the company

55.6% of respondents say that they know besides household/company consumption, electricity generated from solar photovoltaic panels can be sold to the State Grid. 44.4% of respondents do not know about it.

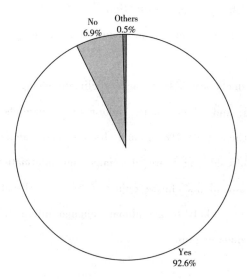

92. 6% of respondent's support using shared bike as a way of travel

E4 Do you support the way of shared bicycle? (n = 4025)

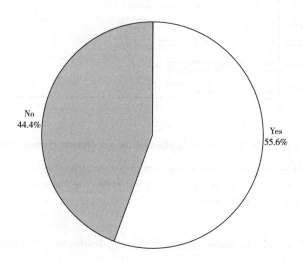

55. 6% of respondents know the use of electricity generated from solar PV installed at home or in the company

E5. Have you heard that if you install solar photovoltaic panels you can sell the electricity to the State Grid? (n = 4025)

F. Climate Change Communication

F1. Television and WeChat are main channels to get climate change information

Most respondents are able to access climate change information from various channels and three major information channels are television (83. 6%), WeChat (79. 4%), and friends and family (68. 1%). Newspaper and official pages are also important information channels, as above 50% of respondents choose either of the two. Relatively speaking, respondents are less likely to get climate change information from outdoor billboards, magazines or radio.

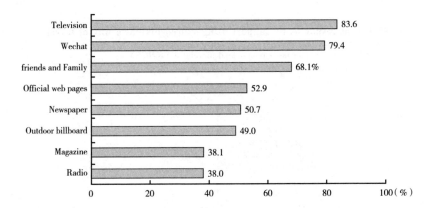

Television and WeChats are main channels to get climate change information

F1. About how often do you hear or read about climate change from the following: (n = 4025)

 * The "usage rate" = percentage of "once a year or less" + "many times a year" + "at least once a month" + "at least once a week".

F2. Respondents have generally strong desire to get climate change related information

Most respondents have strong desire to learn more about climate change-especially they want to learn more about "climate change impacts" (94. 0%) and "climate change solutions" (93. 4%). They also care about "the relation between climate change and the daily life" and "personal actions to address climate change".

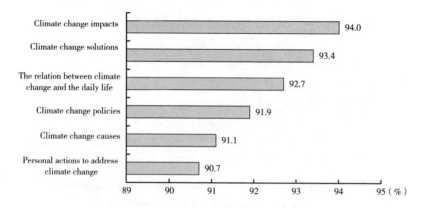

Respondents have generally strong desire to get climate change related information

F2. Do you want to learn more information about each of the following？（n = 4025）
　※ The percentage of respondents that want to "learn more" ＝ "learn just a little bit more" ＋ "some more" and "much more".

F3. The central government is the information source respondents trust the most, followed by corporations

The most trustful source of information about climate change is the central government 17. 2% of respondents selects it as a "strongly trust" source, followed by "corporations（16. 1%）", family and friends（13. 1%）, scientific research institutes（12. 5%）.

F4. Respondents pay more attention to social news

Among various types of news, respondents care the social news the most（30%）, followed by political news（19. 9%）. About 12. 3% of respondents choose environmental news（such as air and water pollution news etc.）as the news they care the most.

F5. 97. 7% of respondents are willing to share climate change information

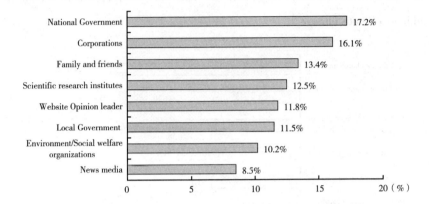

The central government is the information source respondents trust the most, followed by corporations

F3. How much do you trust or distrust the following as a source of information about climate change? (n = 4025)

＊ Numbers used in this figure represent the percentage of respondents choosing "strongly trust".

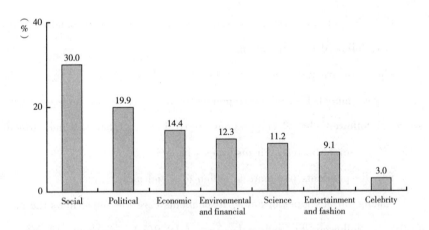

Respondents pay more attention to social news

F4. Which of the following news you care about the most? (n = 4025)

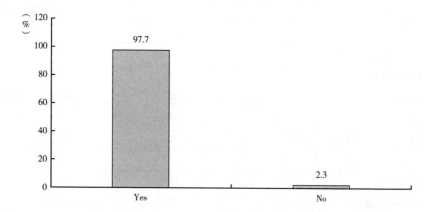

97.7% of respondents are willing to share climate change information

F5. Are you willing to communicate the climate information with your family and friends? (n = 4025)

Appendix: Sample Demographics

	Frequency	Percentage(%)
Total	4025	100
Male	2054	51.0
Female	1971	49.0
Urban	2337	58.1
Rural	1688	41.9
18 – 24	515	12.8
25 – 34	912	22.7
35 – 44	852	21.2
45 – 54	906	22.5
55 – 64	645	16.0
65 – 70	195	4.8
Primary school or below	358	8.9
Middle school	649	16.1

	Frequency	Percentage(%)
High school	757	18. 8
Technical secondary school	369	9. 2
College	842	20. 9
Bachelor degree	924	23. 0
Master degree or above	126	3. 1
Enterprise	1171	29. 1
Self-employed	759	18. 9
Farming	521	12. 9
Public institution	456	11. 3
Retired	358	8. 9
Unemployed	259	6. 4
Students	234	5. 8
Administrative organization	99	2. 5
Other unemployed	81	2. 0
Others	68	1. 7
Serviceman	19	0. 5

图书在版编目（CIP）数据

气候中国：全球气候治理与中国公众认知研究／王
彬彬等著. -- 北京：社会科学文献出版社，2020.9
　ISBN 978 - 7 - 5201 - 6119 - 0

　Ⅰ.①气…　Ⅱ.①王…　Ⅲ.①气候变化 - 研究报告 -
中国　Ⅳ.①P467

　中国版本图书馆 CIP 数据核字（2020）第 026121 号

气候中国

全球气候治理与中国公众认知研究

著　　者／王彬彬 等

出 版 人／谢寿光
责任编辑／恽　薇　刘琳琳

出　　版／社会科学文献出版社·经济与管理分社（010）59367226
　　　　　　地址：北京市北三环中路甲 29 号院华龙大厦　邮编：100029
　　　　　　网址：www. ssap. com. cn
发　　行／市场营销中心（010）59367081　59367083
印　　装／三河市尚艺印装有限公司

规　　格／开　本：787mm × 1092mm　1/16
　　　　　　印　张：20.25　字　数：292 千字
版　　次／2020 年 9 月第 1 版　2020 年 9 月第 1 次印刷
书　　号／ISBN 978 - 7 - 5201 - 6119 - 0
定　　价／98.00 元

本书如有印装质量问题，请与读者服务中心（010 - 59367028）联系